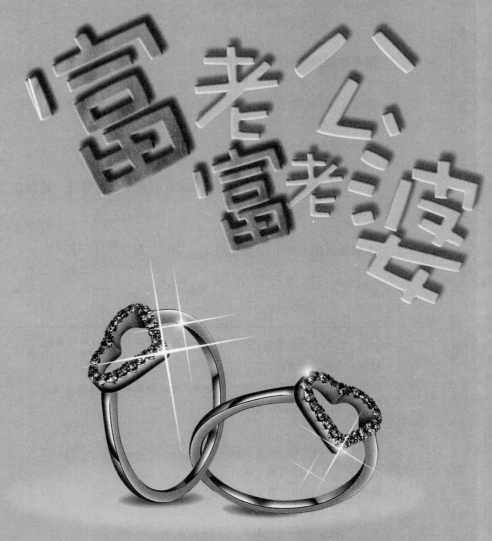

富老公富老婆

邢桂平　著

FULAOGONG FULAOPO

U0251488

广东省出版集团
广东经济出版社
·广州·

图书在版编目（CIP）数据

富老公，富老婆 / 邢桂平著. —广州：广东经济出版社，
2013.10

ISBN 978—7—5454—2738—7

Ⅰ.①富… Ⅱ.①邢… Ⅲ.①家庭管理—财务管理—通俗读
物 Ⅳ.①TS976.15—49

中国版本图书馆 CIP 数据核字（2013）第 233411 号

出版发行	广东经济出版社（广州市环市东路水荫路 11 号 11～12 楼）
经销	全国新华书店
印刷	佛山市浩文彩色印刷有限公司（南海狮山科技工业园 A 区）
开本	730 毫米×1020 毫米　1/16
印张	16.75
字数	216 000 字
版次	2013 年 10 月第 1 版
印次	2013 年 10 月第 1 次
印数	1～4 000 册
书号	ISBN 978—7—5454—2738—7
定价	32.00 元

如发现印装质量问题，影响阅读，请与承印厂联系调换。

发行部地址：广州市环市东路水荫路 11 号 11 楼

电话：(020) 38306055　38306107　邮政编码：510075

邮购地址：广州市环市东路水荫路 11 号 11 楼

电话：(020) 37601950　营销网址：http://www.gebook.com

广东经济出版社新浪官方微博：http://e.weibo.com/gebook

广东经济出版社常年法律顾问：何剑桥律师

内容简介

　　俗话说，夫妻同心，其利断金。《富老公，富老婆》是一位结婚3年的女人向大家讲述的一个自己的理财故事，3年前，她和大多数刚刚结婚的女人一样，埋怨自己嫁了个"穷光蛋"，但她是个聪明的女人，知道如何理财，并且动员丈夫也参与其中。果然，经过夫妻二人的努力，家庭逐渐摆脱贫穷，走向富裕。

　　本书是一本让夫妻二人学会理财之道，懂得如何快速摆脱"月光"，实现小康生活的"小说"，书以感性的故事情节介绍了一个个理性、科学的理财观和理财技巧，传递了一种追求财富、渴望幸福的生活观念。无论从婚嫁的花销、婚后的节俭以及买房、装修、长辈养老、育儿准备等方面，都给读者以真实的故事内容，传达出青年人在新时代生活中的理财观，并给大家以比较实用的方法指导和建议。

　　本书以有趣、清新的故事，简单真挚的文笔指导读者如何与爱人共同经营财富，让钱包鼓起来，把幸福的小家撑起来，继而理出生活好滋味，创造属于自己的财富人生。

目录
Contents

243

第15章：夫妻一起奔小康

第1章

谈到结婚就提到钱，俗？

　　我叫翩翩，今年28岁，生在河南长在河南，有着中原女子普遍的特征，身高163厘米，小时候妈妈希望我以后可以长得漂亮，如蝴蝶般翩翩起舞，所以给我起了一个听起来诗情画意又略带动感的名字。我已经结婚三年，现在有一个两岁多的儿子，儿子乖巧可爱，小名叫乐乐。老公叫李浩，30岁，山东人，体型属于典型的山东大汉，为人处世大方慷慨，不拘小节。

　　我对婚姻的看法是，男大当婚，女大当嫁。显而易见，婚姻是每个人必经的人生之路，女子一旦过了25岁，如果依然没有恋爱意向的话，周围的人就不免开始替她着急了：这姑娘怎么回事？眼光太高了吧？怎么这么大了连个对象都还没有呢？

　　其实25岁的姑娘一样也很着急，可是天下所有的女子在没有经历过婚姻的洗礼之前，都自认为自己是月中嫦娥，不管嫁给什么样的男人都会觉得自己是误落凡尘，是下嫁。但在过了25岁以后，心态就会开始逐步成熟，不再奢求身边站着一个韩国明星般的帅气男人，只求遇上一个与自己有共同语言、共同爱好、气味相投的男子。因为，对于25岁的女子来说，青春已经渐行渐远，离婚姻的脚步却越来越近，社会中那些浮夸虚空的东西可以舍弃，但是很多现实逼着人们不仅要把眼光放长放远，还要看到眼下的一切。

谈到结婚，在如今房价物价上涨的社会里，拿什么结婚？全凭两个人之间看不见摸不着的爱情吗？爱情是基础，可是爱情也是难以捉摸、易变的东西，更何况爱情在两个人结婚后，最终还是要转化成亲情才能保持长久。

谈完爱情，再谈婚姻的另一个方面——物质。虽然大多数女孩结婚的时候不渴求对方可以赠送名牌包包和金银首饰，可是最起码的家居厨卫还是不可少的，不然结婚后两个人吃什么喝什么？所以谈到结婚就谈钱，并不俗气。

很多人在做交易时有这么一句话：先小人后君子。即先立下条约，各自遵守，那么以后的事情按条约完成。这倒也省事，否则事到中途，状况百出，最后只能草草结尾，或者干脆半途而废，更是浪费时间和精力。所以应了我国古代的一句老话："凡事预则立不预则废。"

物质的重要性人人皆知，这是很多人都明白的一个道理，钱虽然不是万能的，但没有钱却是万万不能的，这并不是过分夸大物质的重要性。

每个人在不同的人生阶段都要认识到什么东西对自己最重要。年幼的时候，父母和家庭的温暖是最珍贵的，有个幸福的童年，有父母陪伴，和小伙伴们做完游戏后，听爸妈喊着自己的名字回家吃饭，这样的天伦之乐，看似平淡，却充满温馨；年少的时候，有几个谈得来的好朋友，学习成绩名列前茅，父母骄傲，这是一种幸福；大学的时候，做好自己该做的功课，在图书馆多看看书，同时找到自己的真爱，懵懂的校园里，纯洁的爱情，这样也是幸福；毕业后有体面的工作，满意的薪水，组建自己的家庭，开始做好为人父母的准备；有孩子后，家中老人身体健康，孩子乖巧懂事，事业蒸蒸日上，家庭幸福美满，人生如此，何欲何求呢？在童年少年时自然不用思考经济问题，饿了渴了没衣服穿

了张口问父母要就可以，但是成年以后呢？每个人的肩膀都不是白长的，都要承担一定的责任。

相信每个人都觉得自己在感情的道路中太坎坷、太曲折，即便是从一而终的夫妻，也会经历很多的磨难，才能走到一起。

当恋爱的小情侣受到来自外界的压力时，便开始同仇敌忾，一同解决外在压力，一旦外在压力解除了，在平淡的日子里又会开始庸人自扰、互相抱怨。

结婚后也是一样，有的人结婚时信誓旦旦要相互扶持到老，山盟海誓如同流星一样闪耀，但也如同流星一样的短暂。发誓的时候，的确是深爱的，可是下个阶段的人生谁能想得到？人根本就是一个连自己的情感都掌控不了的动物，又怎么能掌控自己的生活？

现在很流行一个词——裸婚，无房无车，甚至连婚戒也不买，就本着相爱的唯一理由，走到一起，结婚生子。殊不知，婚姻是一个女人一辈子最难下的决定，每一个"裸婚男"的背后，总有一个女人的眼泪，太过热闹，荒芜了心境，你固然恨它，但热闹过后的清冷，会让你再度想起热闹的好。爱情合适了，条件不合适，条件合适了，爱情又不合适了，这就是一天大过一天的女人们关于爱情和婚姻最深切的彷徨。

大龄女相亲记

　　可是说了这么多，婚还是要结的，结婚的那个人，或者有钱，或者没钱，或者温饱无忧，但不足以称之为大款。

　　到了结婚的年龄，身边的姐妹们一个个传来结婚的喜讯，手机短信全是邀请去参加婚礼的，我也开始为自己的婚姻大事考虑了。

　　2007年6月，我大学毕业，在一家台资企业上班，月收入三四千元，这对于一个年轻女孩来说，足够花了。我并不爱和其他女孩攀比，买包非要香奈儿或者LV，我虽然经常去商场买衣服，但都是在打折的时候才去血拼下，因此我的钱够花，而且偶尔还可以和其他小姐妹们去小小地奢侈一下，喝个咖啡吃个西餐什么的，虽然没有男朋友，但日子却过得相当惬意。可是工作了还没有对象怎么会不着急呢？女为悦己者容，即便穿得再美，没人欣赏有什么用呢？

　　那时候我23岁，有工作，无男友，对结婚生子毫无计划。虽然有时候羡慕别人在情人节时有鲜花有爱人陪伴，但因为身边有着同样单身的闺密，在假日里有了她们的陪伴，情侣们并没有对我构成太大的刺激。

　　但是这种状态不久由我的家人打破了。2008年的春节，我和父母一起回老家，所有老家的亲戚邻居见我后必问的一句话就是："闺女，

处对象了吗？"我笑着说没有，有人表现得很诧异：怎么还没有？年龄不小了吧？有人善意地微笑：有合适的就先处着吧，也不要太挑剔了。还有人直接就说：这么大还不找？该不是有什么问题吧？

春节后，我的父母开始着急，于是我有了人生第一次相亲经历，从此之后，就一发不可收拾。

第一个男孩是爸爸的一个朋友介绍的，男孩比我还小两岁，个子高高壮壮，微胖型，父亲是一家酒店的老板，经济实力雄厚。我爸爸很满意对方的外形和家境。经多方打听，男孩脾气好，家教好，似乎无可挑剔。

地点选在我表哥家，男孩和他爸爸一起开车先到，我第一次相亲，好像到表哥家走亲戚一般，和妈妈一起，坐在表哥家的沙发上和对方互相寒暄了几句。男孩话很少，男孩的爸爸和我表哥他们说了一些关于男孩工作的事情，细节我没听清，看了那男孩一眼，没太大感觉，双方家长都很热情，唯独两个当事人不惊不喜。

然后，相亲结束，互留电话，却没有再联系，第一次相亲，以失败告终，在意料之内。

没过几天，在银行工作的表哥给我电话，让我去他单位拿样东西。说他单位有个不错的男孩，和我同岁，单身，让我看看是否合适。我打车到了银行，在表哥办公室看到那男孩，眉清目秀，倒也干净顺眼，他也挺有礼貌地给我打了声招呼。

到家后，我收到对方的信息，他约我第二天在咖啡厅见面。

第二次相亲就这样开始了，去之前我悄悄地查了一下他的个人资料，看看两人星座是否相符，结果有点失望，金牛男和射手女的配对指数很低。也许是这些莫须有的东西，让我竟然对这个男孩有了一些抵触。后来事实证明，不得不说，星座被研究了几千年，还是有些道理的。

我和他在金帝咖啡厅聊着一些不温不火的话题，说着说着双方都觉得乏味，无话可讲，我正准备离开，他竟然抢先来了句：郑州交通情况不佳，怕待会堵车，我还是先走吧。

无语。但临走前我还是有礼貌地说了句：谢谢你的咖啡。

第二次相亲结束。

当第三次有人给我介绍对象时，我已经对通过相亲达到结婚的做法产生了严重怀疑，同时也对相亲的期望大大降低。我认为相亲只是为了多认识一个人，多认识一个朋友，事实证明，确实如此。

第三次相亲的对象，是一个学姐介绍的，对方是公司文秘，农家小户冲出来的潜力股，有房，无车，名牌大学毕业，工作3年。

在绿茵阁西餐厅，我们约好6点30分见面。

6点30分，我坐在绿茵阁西餐厅，等到6点50分，我开始烦躁，此时对方才急匆匆过来，说公司开会，实在抱歉，我满腔怒火，还要微笑着说：没关系。

这是我最反感的一次相亲，与他交谈时，他所表现出来的功利性让我十分反感。他问我的第一句话是："听说你家在郑州，有房有车？"

"那都是我爸的，我刚毕业，什么也没有。"

"没关系，你爸的以后也是你的，如果咱们结婚，你准备出多少钱买车？"

"哦，额，额，这个，还没考虑。"

"我在郑州有房，介绍人说过了吧？对了，你开车技术咋样？今天怎么没把你家车开出来？我还以为吃完饭你会带我去兜兜风呢。"

我看着绿茵阁里服务员端上来的食物，忽然没有了任何胃口，甚至开始反胃。我稍微克制了一下，微笑但没有做出回答。

"上次和我相亲的那个女孩开了辆宝马过来呢，还有一个女孩开的是一辆白色丰田，很大的那种，应该是越野吧，叫什么名字？好像是

prado，你知道不？很气派的。"

饭吃到最后，他说："我对你印象真的很好，我这个人比较务实，考虑问题也很实际，我觉得咱俩挺合适的。"

我觉得挺不合适的，这个人，不是我的菜，朋友，抱歉，再见。

后来还有第四次，第五次……有大四未毕业的学生，有正在读博士一年级的高才生，有公务员，还有在建筑公司上班的工人，医院的医生等。

有的长得很不错，白白净净；有的黑黑瘦瘦，却也精明；有的看起来木讷；有的很可爱；有的很成熟。但是终归一句话，没有谈得来的。

相亲，结婚，这么难？

我和老公认识的那些天

多次相亲未果，让我一度怀疑自己是不是真有什么问题，后来一听说朋友结婚的消息，头都大了。

可是，命里有时终须有，命里无时莫强求，该来的终究会来的。我和老公是在工作时认识的，当时我对这个山东的男人并没有太过注意，传说中的一见钟情并发展成夫妻的可能性在现实中发生的概率还是挺渺茫的。

或许，N年前，我也有过一见钟情的经历。

读大学时，某个秋日的午后，我从学校的操场路过，看到从篮球场走过来的那个阳光一样的男孩，笑容迷人，那一瞬间，我也被融化过，可惜素不相识，多看两眼之后，彼此就擦肩而过，流星般耀眼，划过之后，却不留痕迹。

从此，我对一见钟情的定义是，男女之间的色相吸引。

如果一个男人或者女人直接否定一见钟情，那么这个人恐怕并不是一个帅哥或者靓女。

和老公相遇是如此的平淡似水。

当然那时候，我根本没想到他——李浩，会成为我生命中如此重要的一个人。

　　和他在一次产品交易会上见面后，他要了我的电话，由于对他并不是太反感，我没有拒绝。

　　但当时的我对他实在没有任何感觉，在我眼里，他就是很普通的一个人，戴着眼镜，高高壮壮的，皮肤白，略胖，看上去比我认识的男性同龄朋友略显成熟，穿戴虽然不是一身名牌，但也干净，看起来只能用"顺眼""不反感"之类的词来描述。

　　这与我想象中的真命天子当然不一样，虽然我不是梦想派，但单身女孩对自己的另一半还是充满幻想的，谁都希望自己的身边站着一位英俊潇洒的帅哥。而当时的李浩，明显不是大家公认的英俊潇洒型，没有太过于出众的地方，脸稍宽，显得富态，看起来是很实诚的一个人。

　　他约我吃饭，我征求我身边的小姐妹娇娇的意见："有个哥们，请我吃豪享来呢，我该不该去啊？"

　　小姐妹正在涂眼影，停顿了一下，邪恶地朝我笑道："你是不是撞上桃花了？我竟然一点不知道，快，老实交代，是哪家的少爷？"

　　"我都快成残花败柳了，这把年纪还没人要，还哪家少爷呢。"我白了她一眼。

　　"哎哟，亲，你这二十出头的年龄，咋就成了残花败柳呢，现在大都市里三十出头没对象的都一把一把的，你怕啥，年龄上她们能有你有优势？我告诉你，就咱这年龄，二十三四岁，多大年龄的男人都喜欢。"

　　这个娇娇，一说到男女恋爱婚姻方面，像个专家似的。

　　"这个男的不是什么少爷啊，也就是很一般的一个男人，看着长得不帅也不丑，不是大款，但看他穿戴，经济上应该还过得去，我到底去不去呢？"

　　"当然去了，这年头，免费的饭不吃白不吃，叫上我，帮你过过眼。"

"可是他长得不咋的啊！"

"能多丑？先看看再说，姐姐，你都这把年纪了，还指望找个'东方神起'中的一分子吗？再说了，现在长得帅也不能当饭吃，我们要现实、要物质，有房有车不就行了，人看多了都长一个样。"

我这拜金的小姐妹，满脑子都是找个有钱的老公，立志要找一个有大房子的男人，最好是房子大得吵架都有回声的那种。

约会那天，我还是简单地打扮了一下，叫上了娇娇一起。

吃饭聊得很投机，李浩人很健谈，吃完饭我们还去钱柜KTV玩了一会，后来分开时，大家都觉得很开心，并希望下次可以见面。

回来后我问娇娇咋样，娇娇说人挺好啊，不错，挺好一个人，可以考虑下。

得到小姐妹的肯定，我似乎打了一枚定心针。

后来就是接二连三的约会，吃饭，看电影，台球厅，约上好友打麻将，出外郊游。

不得不说，缘分其实说来也很快。我们掉入了恋爱的旋涡，那时候真是觉得自己幸福极了，别人说恋爱中的女人智商为零，这话一点也不假，自从谈恋爱后，我对工作的那份拼劲就开始急速下降了，在公司里我接二连三地出错，连一向包庇我的领导都开始对我提出意见。可是当时的自己真是被冲昏了头，我二话不说就辞职了；什么破企业，有时候还让我加班到晚上12点，耽误我明天和男朋友的出游计划，姐姐我不干了，此处不留姐，自有留姐处。还有那个总是对我凶神恶煞的采购，我要你在我生命中永远消失！我终于在一次与部门主管的争执之后，甩出辞职申请，然后收拾东西转身离开。

失业后的日子是很难熬的，我并没有为自己的失业做好充分的准备，第二天早上，我依旧6点30分起床，快速梳洗完毕，急匆匆准备出门的时候，忽然想起来自己已经辞职了，当时的心情瞬间变得无比黯

淡，辞职时的大快人心和对自由的向往也消失得无影无踪，我开始担忧开始迷茫，下一份工作我还没有任何头绪。那段日子，除了心理上的失落外，物质上也开始出现短缺，之前自己每个月都有薪水，吃喝不愁，可是现在薪水忽然就没有了，我只能坐吃山空了，而且自己这一年来并没有积攒什么钱，属于"月光公主"，物质和精神上的双重折磨使我开始怨天尤人，变得苦大仇深。

不过还好，我还有男朋友，虽然他也不是大款，但是他还有工作，还有薪水，还可以带我去吃牛排去喝咖啡，还可以给我买ONLY的裤子和VERO MODE的大衣。我依然可以吃着纽崔莱，抹着雅姿，依然可以在情人节收到鲜花，依然可以在KTV一展歌喉。

那时候的他还真是没有让我失望，那时候我总觉得结婚离自己还很遥远，不可触及，于是拼命地玩，当时的男朋友也是个对理财没有任何规划的人，都觉得年轻就是我行我素，年轻就应该充满激情，冲动大于理智。而畏首畏尾，凡事思前想后，那是老年人的行为。

于是我们和大多数80后一样，透支了信用卡，甚至有时候问朋友借钱去消费，借钱时想着，反正发了薪水就可以还上的，不用担心，拆东墙补西墙，也没有觉得有什么不妥之处。

虽然我没有工作，但在男朋友的庇护下，竟然也没有了危机感，我们商量着给人打工真是受气，而且不稳定，还不如他出去赚钱，我在家复习考公务员。一不做二不休，我赶紧买了很多复习资料，参加当下最热门的公务员考试，信心十足地对自己说，这一考上，就平步青云了，以后有了公务员这个铁饭碗，我和老公的生活一片光明啊。

不过，现实往往没有自己想象的那么顺利，我复习了半个月，参加了公务员考试，却无疾而终。

接下来的日子里，我天天待在家里，睡到半晌午，吃点东西，中午看看电视，玩玩电脑，晚上等李浩回来，一天天很快就过去了，我不知道时间怎么过得这么快，我什么也没做，为什么一天就没了？

有时候自己也会着急，怎么年纪轻轻，就这么不顺利呢？李浩总是安慰我，说慢慢来，一切都会好起来的，好工作没那么好找，我们又没什么社会关系，就凭自己，碰运气，慢慢来，反正目前还没到不挣钱就活不下去的地步。

他的安慰，使我刚刚萌发的一点奋斗心，也慢慢消失了。

现在想想那段日子，就觉得自己真是糊涂，应该奋斗的岁月却选择了安逸，那么上天总会在以后的日子让你愤恨当时的自己为什么不好好奋斗！

我和老公为结婚做抗争

人无远虑，必有近忧，青春岁月是不等人的。

一晃大半年就过去了，我面试了几家公司，待遇都很一般，那时候我挣钱的欲望已经不大了，我觉得自己的男朋友虽然不是高富帅，但也不至于是矮矬穷啊，有个爱我的老公，以后组建个家庭就够了，钱是什么？庸俗的东西，我们不需要那么多的钱。而且我身边的朋友大多过得也很一般，我们都从当年的踌躇满志变得平庸不堪。

记得我读高中的时候，自己是多么用功啊，我每天和同学一起早读英语时，跟自己说以后要学好英语，做同声翻译，一个小时挣8000元。

可惜后来的高考却很不理想，我只考了个本省的普通二本，读了个市场营销专业。然而就在那时候，我依然对自己说以后要做世界上最伟大的推销员，一个女人，事业和减肥一样重要！可是再看看现在的自己，当初的梦想早已被生活的现实打磨得毫无棱角，生活一步步让我们发现，自己不过是很平凡的一个人而已，地球也不是围着自己转的，世界更不是为自己而存在的。在去年看《老男孩》视频时，我和朋友都忍不住流泪了，视频虽然成本很低，但实在引发了太多人的共鸣，直到现在，每次和朋友去KTV，有人唱那首歌时，我心里都会有种莫名的酸楚。

梦想已经变得遥远了，那就接受现实吧。

终于在一次面试后，一家文化传媒公司接纳了我，当时面试我的是一个和我年纪差不多的女孩，公司不大，我在里面做网络编辑，负责本公司的一个微博频道，要及时更新、及时反馈客户消息，工资每月3500元，听起来还不错，我想想还是决定留下来。

我每天早上要挤公交车上班，不堵车的话半个小时就能到公司，但由于上班时间都是高峰期，一般情况下，我都要50分钟左右才能到公司。

上午8点30分上班，下午6点下班，公司是这样规定的。

但是6点就下班的次数很少，很多时候要加班，每天能在6点半下班就很不错了。

遇上堵车的情况，也很糟糕，有一次我破天荒6点准时下班，结果在路上却遭遇堵车，平时5分钟的车程却走了一个半小时，闻着路边的烤鸭香味，自己的口水都快流出来了，可是也不敢随便下车，万一自己下来了，车开走了，后面的车再挤不上去，就悲剧了。

有时候，上班还要看老板的脸色，有了怨气也要忍，老板给你发工资，他就是上帝，要供着，他心情好了，公司的人都好过；老板哪天心情不好，那我们也就惨了，给他泡了咖啡，糖少了他嫌苦，糖多了他怨甜，说我们想害他得糖尿病，很难伺候。

但是作为员工，受折磨的不是我一个人，还有很多其他人。

你不想做，你可以走，3500元一个月，在郑州不算少，你前脚刚迈出这个门，外边的很多人就都挤着想进来，你再想进来已经没了位置。

重新找一份新的工作，谈何容易！有次还听说，大学的一个同学找工作时遇上了搞传销的，在东莞被人关起来，企图逃脱时不幸从三楼坠下，结果深度昏迷一个月，身心都备受伤害。可是遇上这些问题找谁呢？这个世界都是个人顾个人，每个人都忙自己的事情，谁有心思关心

他人的死活？还好，传销这么倒霉的事情没有发生在自己身上，那就好好在这个公司做事吧。

生活吧，就是这样的，90%的平淡，5%的吃苦，剩下的5%才是幸福。

这是工作，人生大事，除了事业，还有婚姻。

我和李浩在陆续收到一些结婚请柬的时候，也开始考虑自己的婚姻了，当婚嫁大事提上日程时，我们都有点措手不及。

首先是要见双方父母，我们都在郑州，我家是河南的，所以老公先在河南见见我的父母是理所应当的事。第一次见面后，我爸并不满意。我爸是一个性情刚直却唯我独尊的人，这与他的人生经历有关。我爸出身农民，爷爷家一贫如洗，但是我爸他不甘平庸，有着那种不顾一切的闯劲，还好他运气不错，脑子也很灵活，白手起家慢慢把建材生意做大，从最底层出身，经过了二十多年，如今可以在省会城市买房买车，从亲戚邻居都无人瞧得起，到如今亲朋好友们都屁颠屁颠地跑来借钱。

爸爸最有感触的一句话就是"穷在大街无人问，富在深山有远亲"。没办法，这就是现实的生活。但是他也很节省，除非生意需要，从不乱花钱，一切从简，为人大方却从不挥霍。他最看不得好吃懒做之人，最受不了年轻人不努力不奋斗。

第一次见到李浩，爸爸就反对，条件有三个：第一个，李浩看起来肥头大耳，贪吃贪睡之相，有点木讷欠缺灵活。第二个，李浩家庭条件不好，起点太低，两个人需要奋斗的时间太长，可能要奋斗十年后才能达到别人起步的高度。第三个，老家太远，以后万一我和李浩回山东发展，老爸想女儿了还要跑到山东才能去见一面，养了二十多年的女儿跟白养了一样。所以坚决不同意这门亲事。

妈妈则是一个典型的家庭妇女，爸爸说不同意的话，妈妈都是在旁迎合。

我傻眼了，为什么不同意呢？李浩他怎么不灵活了呢？长得高吃得胖不是叫做"富态"吗？没钱可以慢慢奋斗啊，再说年轻人除了富二代官二代谁有钱啊？山东虽然远，可是我们都在河南，都在郑州工作，还是可以天天见面的。

但是爸爸固执的脾气让我们根本没有商量的余地。于是我只好擅自做了决定，偷偷地和老公一起回了一趟山东老家。

回到山东，见到他的父母。他父母倒是对我挺满意，热情款待让我感到非常温暖，也让我坚定了和我父母抗争的念头。

但是回到郑州后，我就收到了父母的最后通牒，父母要我尽快结束这门亲事，否则以后就不认我这个女儿，当时的我矛盾极了。

但是不管到了什么年代，当爱情和亲情遇上抉择时，爱情都会变得更牢固，亲情则会最终眼睁睁地看着爱情愈飞愈高，飘然走远。

我喊来了我最好的朋友当说客来说服我爸妈，我好朋友嘉惠和萍萍都是有名的保险推销员。

嘉惠从事保险行业好多年，已经干到了主任级别，她劝我父母："叔叔阿姨，其实孩子们都明白你是为他们好，可是你也要反过来替孩子们想想，这个年头，找个合适的不容易啊，找个爱自己、自己爱的人真是太艰难了，你看我今年都28岁了，事业倒是小有成就，一个人分期付款买房子，在朋友圈里也算是拼得不错，可是这么大了，连个对象也没有，整天苦大仇深的。年轻漂亮的女孩子跟柜架上的可乐似的，取之不尽用之不竭，我这剩女真是想找条件好的都难啊，一般的我看不上，我看上的却又看不上我，逢年过节家人又催，特别是年关，不是相亲，就是在相亲的路上。心中的苦谁知啊？这翩翩也不小了，遇上一个这么爱她的不容易，你们就别反对了。难道你们想看到她像我这样带上大龄剩女的头衔吗？"

爸爸又拿出他那"三条理论"，谈到钱，妈妈竟然也忽然变得能

说会道了。

"你们现在的小姑娘都不知道生活的难处，看不到物质的重要性，辛辛苦苦养你这么大，宠着护着，就是为了你以后嫁个好人家。现在发现我以前那种'穷养儿子富养女'的观点严重出现失误，以为你不会被别人的一块蛋糕骗走，谁知人家连一块蛋糕也不用，说说你就跟别人走了，你说，我教育得多失败？"

我真佩服我妈妈的口才，眉飞色舞说了一大通，喝口水她接着道："你们啊，我真要给你们上上课了。买东西还要货比三家，更何况是挑对象，一辈子的大事。嘉惠你还没对象，要听好了，千万要比较比较，别一进商店，拿到一个东西就付钱，啪一下，货砸手里了，想退都退不掉。以前给翩翩介绍了多少啊，哪个不比这个李浩有钱？而且都在郑州，守着我们老两口多好？找什么外省的，和亲家语言都不通，没法交流，反正就是不行。"

萍萍去年刚结婚，老公也是从农家小户里拼出来的，她也劝说我爸妈："叔叔阿姨，你们为翩翩好，就应该答应这门亲事啊，他们都在郑州，守在您的身边，您担心什么呢？再说现在没钱不算大问题啊，我嫁的老公也是一打工的，房子是租的，出门是电动车，但是就这样我也嫁了，成家立业，先成家再立业啊，他们一结婚有了自己的家庭，肩膀上就有责任感了，怎么省钱、怎么挣钱也会在心里盘算了，我和我老公结婚前也是啥也不懂，可是结婚后就开始考虑要孩子了，自己可以吃苦可以受罪，孩子不能苦啊，所以现在我们花钱都节制了，每个月也开始有储蓄了，而且我还买了两份保险，社会变化快风险大，老了给自己点保障啊。要是结婚前，哪会有这闲钱呢，可是结完婚就不一样了，考虑长远了。翩翩这么聪明，以后肯定是个会持家的好孩子，你们正好也省心了。"

可是说了这么多，我爸依然阴沉着脸，不说话。

劝说行动宣告失败。

后来李浩亲自上门拜访，并向我爸立下保证："叔叔阿姨，你们放心，我决定以后就留在河南发展事业，我一定会对翩翩好，我保证对她比对我自己要好，只要你们愿意把我当儿子，我就会像对我亲爸亲妈一样对待你们。"

虽然还是没有明说满意，但是我爸的语气开始缓和了。

身边亲戚朋友的劝说，再加上我和男朋友的努力表现，我爸妈最后终于默认了这门亲事，五一节，他父母从千里之外的山东来到郑州，准备把我们的婚事定下来。谈到礼金，我男朋友家出了16000元，另外给我买了些金银首饰和衣服，后来交换喜帖，算是把婚事定下了。这就是我的订婚，没有铺张地宴请宾客，没有仪式，只是双方父母吃了顿饭，仅此而已。我的心情有点失落，但是看着老公，我还是安慰自己说，只要他对我好，没钱我也知足了。

老公来自山东农村，父亲在一所中学当老师，母亲在家务农，家中生活在农村里还过得去，他的父母在他们的县城分期付款买了一套70平方米的房子，希望儿子娶了老婆以后可以回到县城去。

当时的我并没有想那么多，只觉得只要两个人年轻，没钱可以慢慢奋斗。钱是人挣的，在六七十年代人们连饭都吃不上还不是一样过来了，对我来说，爱情是必需品，至于那些名牌，有没有都无所谓，过日子才是最重要的。

所以当我们国庆节结婚时，婚礼一切从简，在普通的酒店里，请了司仪和摄像，化妆的地方也很便宜，当然由于我天生肤质不差，化妆化得还算可以。

婚纱我是借好朋友的，借婚纱时，老公万分不同意，说这些东西一定要买新的，怎么可以借别人的穿呢？

但是，后来我想想，婚纱这辈子就穿一天，应该说就穿一上午，

中午时还要换上敬酒服。花四五百元买一件衣服，穿半天，实在不值。如果去婚纱店租穿的话，也不是新的婚纱，但朋友的婚纱很新，而且朋友也很乐意借给我，希望可以把幸福传递给我。

朋友的婚纱我试穿过，穿上很漂亮。因此，我自作主张，没有买新的，也没去租，而是借了朋友的婚纱穿。一来省钱，二来也很美，何乐而不为？

婚礼并不奢华，在酒店里举行仪式，仪式完毕后就开始吃饭，敬酒。

虽然婚礼不是很复杂，但是也很累人，送走亲戚朋友，晚上我和老公回到家里，倒在床上都不想起来。

休息了一下，我们开始清点红包，我拿笔记下别人送的红包，这些礼钱并不是白给的，以后还要还给别人的，所谓的礼尚往来，指的也是如此吧。

老公说，公公婆婆在买房给首付时，借了亲戚一些钱，至今还没有还上，我明白他在征求我的意见，能不能把礼钱拿出来还债。

我当然明白"无债一身轻"的道理，二话不说就把我父母给我陪嫁的钱和我们收的份子钱拿给公公婆婆，帮他们还掉了买房子付首付时欠别人的债。

嫁到老公家就是一家人了，当然也不用算得那么清楚，如果一家人还分得一清二楚，多俗气啊。

当然这一切我都是瞒着我父母的，毕竟父母给我陪嫁的钱也不是大风吹来的，也是父亲辛辛苦苦一点一点挣来的，为了我以后的生活少吃点苦，父母省吃俭用让我婚后为自己置买些东西用。我这么轻易给了公公婆婆，替他们还了债，父母知道了肯定会很生气，所以我宁愿自己多吃苦，瞒着他们。

可是人一生有三样东西是掩盖不住的：咳嗽、贫穷和爱。虽然我极力隐瞒，但我做的一切我的父母还是知道了。虽然父母爱我，但是他们并不爱我的老公和老公的家人，我的父母可以为我无条件付出一切，但是没有义务去供养我老公一家人。

对于父母对我老公家人的偏见，我夹在中间感到十分为难，甚至有时候会后悔自己为什么找了个条件这么一般的老公，如果找一个和我家庭差不多的，在省城有房有车，最起码出门可以选择自己开车、打车还是坐公交，而不是像现在这样，没有车开，房子是租的，还要在脑子里想半天，想我的水费和电费，想逢年过节要给父母和公婆添点新衣服，想朋友们礼尚往来的费用。

自己已经结婚，成为一个家庭主妇，不再是一个人，花钱时不能冲动，看到一件衣服，觉得漂亮就不顾价钱买下来，我要学会理财，我要为我以后的家庭做充分的打算，老公挣钱辛苦，我更要打理好后院，让他有精力在事业场上打拼。虽然我们现在没有钱，但是我们要慢慢攒钱，我也要学会理财，和老公一起承担家庭的重任。

第2章

完美小女人的"圣经嫁妆"

俗话说："你不理财，财不理你。"作为一个女人，也许你不需要顶天立地，也许你不需要成为一家之主，但是作为新世纪的女人，你一定要有强烈的理财意识，在结婚前也务必让自己摆脱"月光公主"的行列。女孩家父母常说，要给自己女儿多备点嫁妆，免得嫁到男方家后受气。由此可以表明，即便是感情深厚，结婚以后，经济基础依然决定了上层建筑，要想在家里有底气，不仅要有脾气，有魄力，更要有雄厚的经济实力，让老公看到自己并不只是一个生孩子的机器，更不是一个附庸到男人身上的寄生虫，而是有属于自己的存款，有稳定的经济来源。人们常说，体面的工作才是一个女孩子最好的嫁妆。

"挣钱"要趁早

　　记得我刚上大一的时候，父母每个月给我500元，我吃食堂里的饭菜，穿学校附近小摊上的衣服，每天进出的也只是图书馆和教学楼，花钱的地方很少。我们班的学生大多来自农村，平时都很节省，我和他们在一起，花钱也都是量力而行，父母给多少花多少，从来没有过投资理财之类的想法。但是，每当我看到我们学校经济管理学院和国际教育学院的学生每天抱着笔记本电脑看股票时，就充满了无尽的羡慕嫉妒恨，同时也觉得自己和他们相比，望尘莫及。

　　当然，读书的时候我也想过工作。大二的时候，我发现自己已经对周围的环境有所了解，我对所谓的学生会和社团失去了吸引力，大二一开学，我就开始告诉自己，该找份兼职了，父母每月给的钱越来越不够花了。当时觉得兼职不仅可以挣钱，而且可以提升自己多方面的能力，多方面历练自己，以后毕业了才会找到更好的工作。

　　但我挣的第一笔钱并不是兼职，而是我大二第一学期的奖学金1500元。当时的心情真是激动啊，这是我长这么大，靠自己的努力得到的第一笔钱，虽然不多，但是这是我优秀的见证，是我大一一年努力学习的见证，我激动得一晚上没睡好，盘算着用这些钱买点什么东西。后来我请宿舍小姐妹们吃饭花了200元，给爸爸买了个剃须刀，给妈妈

买了一套护肤品，再给自己买件新衣服，买套彩妆，只剩下100多元了，又回到没有奖学金的日子了，忽然发现为什么1500元看起来那么多，花起来却那么快呢？

我没有考虑很高深很长远的问题，我只是觉得一定要多挣钱，钱挣得多，才能买到自己喜欢的东西，为了得到自己喜欢的东西，我必须利用课余时间去挣钱了，于是，我开始了人生的第一次创业。

学校附近的化妆品店想找一位学生代理，我和同学经常在那家店里买化妆品，听到店主想找学生代理的想法后，我去见了一下店主。店主其实是个26岁的女孩，比我大不了几岁，我喊她杨姐。

杨姐是新时代的女强人，自己大学毕业后和另一个朋友一起，在郑州市繁华地段附近开了一家化妆品店，附近高校众多，生意十分不错。对于女孩子来说，化妆品、衣服、包包都是生活必备品，但说到利润，还是化妆品利润最大。

杨姐看我性格开朗，给我讲了一些关于化妆品的知识，说我可以在她那里拿些货，然后去学校卖掉，进货的价格当然会很低，我可以按照她们店里的价格卖，中间的盈利就属于我本人，多劳多得。如果某些货不好卖，可以拿回去换其他的好卖的货。

这是我第一次接触"做生意"，成本不高，花了300元左右，弄了一些爽肤水和乳液之类的东西，在我们学校宿舍楼里开始推广。第一次创业经验告诉我，刚进一个行业的时候，一定要量力而行，一次进货不要太多，要先探探前方的路。

做生意果然没有想象中那么顺利，我第一次鼓起勇气敲开其他宿舍的门，给别人介绍化妆品，别人当然不会买，这很能理解，若是我一个人在宿舍，有人敲门进来卖化妆品，我也不会买。穷学生穷学生，花着父母的钱，每一分都要计算仔细，不能乱花。因此，我给人讲解了半天，依然没有卖掉一样东西。我的心情有点沮丧，觉得这样去卖化妆品根本就是不可能的事情。

　　然而有些时候，努力真的是有收获的，一切皆有可能，也许我长得比较面善，我每次敲门进去，都没有人把我当成坏人赶走，就算不买，别人也会听听我对产品的介绍，会试用一下我推销的产品。我也会顺势把联系方式留下，希望别人有需求时可以找我，因为我也是本校的学生，在我努力为她们介绍产品的同时，也有学生羡慕我说，有这种能力真是值得学习，虽然没有做成买卖，但也认识了不少新的朋友，鼓舞了我做下去的勇气。

　　第一天，我没能做成一桩买卖，回到宿舍看着花300元买来的瓶瓶罐罐，有点发愁。但是不能亏本啊，我还要出去推销，后来我们宿舍的姐妹在我这买了几瓶，我给她们很优惠的价格，好歹我的生意开张了。第二次出门时，没想到还挺顺利，两个小时之内，我卖出去了一瓶爽肤水和一瓶隔离霜。我真是开心极了，后来我竟然还接到电话，一女孩说皮肤很干，希望我给她推荐一款保湿的护肤品。我当时的心情真是雀跃，不亚于当年高考知道自己分数过线的喜悦心情。

　　化妆品的生意我做了一个学期，后来因为学业繁重，我没有接着做下去。但是从这次短短的经历中，我总结出，对于每个人来说，只有想不到的，没有做不到的。很多自己认为不可能的事情，如果用心去做，都有可能成功。另外，我发现当自己专注于一件事情的时候，整个人都会充满干劲，也会看到自己的价值，同时，别人也会认可你的价值。这比整天宅在宿舍抱着电脑看电视剧收获的要多很多。

　　这是我第一次挣钱的经历，后来我也相继做过一些其他的兼职，比如去做大型超市的促销员，在新生开学的时候去推销《英语周报》。兼职的过程虽然很累，但是很开心，挣的钱虽然不多，但是自己在与别人的接触中，学到了很多很重要的知识。

挥手告别"月光公主"

如今的80后、90后对"月光公主"应该都不陌生，刚毕业的时候，谁没有过"月光"经历？刚从学校那个象牙塔中走出来，充满了对未来的憧憬，觉得自己甚至应该对着天空呼唤：我要闯出我自己的一片天地了。女强人、大企业家、女富豪的字眼开始与我有关联了，甚至，我想到未来有一天，我能在福布斯排行榜上看到自己的名字，我要挣钱！我要挣钱！我要三年买房、五年买车、十年内实现我父母环游世界的梦想！

理想很丰满，现实很骨感。这句话说的没错，也许真的是高估自己了。但是为人慷慨豪爽的我又怎么能让自己变成婆婆妈妈、斤斤计较的平庸女人？我爱逛街，爱买衣服和包包，爱化妆品，爱去高雅时尚的地方用餐，总之，我爱消费。

以前的我常常对自己说："工资就像女人的大姨妈，一个月就那么一次，一周就没有了。"

如今，我每个月挣3500元，这样的薪水在郑州不算太少，但是对于当时缺乏理财经验的我来说，总是觉得钱不够用，于是，我发现自己真的需要补习一下理财知识了。

要想理财，首先要让自己有财可理。那么，我每个月的工资就要开始有所计划了，不能再像以前那样，总是惦记着自己卡里那几千元钱，想着即便这个月不够花，还有下个月的工资补上来。一定要摆脱这种想法了。

我的朋友嘉惠，在保险公司任职，时常给我灌输保险的重要性。说实话，之前我对保险的理解过于片面，我总觉得保险都是骗人的，保险推销员就像安利的推销员一样，拦住你，给你名片，然后开始给你推销，巴拉巴拉一大堆，然后拉着你不许走，必须买一个。

嘉惠刚去做保险时，我就劝她：亲爱的，你真的要去大街上像"拉客女"似的去拉顾客啊？那谁买啊？肯定没人愿意买。然而如今的保险行业早已不再是当年的模式，在如今的风险社会，给自己买一份保险，就是多一层保障，未雨绸缪，当暴风雨来临时，自己便可免遭"落汤鸡"的悲剧。

嘉惠幸亏没有听我当时错误的"规劝"，不然也不会做到今天的部门主任。当年每次小姐妹们一起吃饭，嘉惠给我们普及保险知识时，我都是显得比听课还痛苦，还让她去对着饭店的大柱子去练习。现在想起来，当年的自己是多么浅薄无知啊。

然而现在不一样了，现在我已经结婚了，我要有理财意识，我要给自己存个小金库，但存小金库并不是简单地把金钱累积，众所周知，现在物价一直上涨，简单地累积金钱无疑只会使金钱贬值，对自己不利，那么就要学会购买一些理财产品，让自己辛苦挣来的钱不会在物价的飞涨中慢慢萎缩。

于是，我找到嘉惠，问起有关金融保险方面的知识来。

由于我以前对保险过于反感，因此当我主动询问时，嘉惠明显有点震惊了，上下打量我，问：

"天啊，我没有听错吧？亲，你，想，买保险？？？"

我不好意思地点点头，说："你没听错啊，我是要买保险啊，我

要给我自己一份保障啊。""翩翩女神，你吃了什么仙丹妙药，忽然开窍了？或者是认识的人不幸遇上什么事？怎么忽然关心起这个问题呢？"

我不好意思地说："现在我已经成家了，我要给自己一份保障。但是钱又不多，又想理财，所以想给自己买一份保险。"

嘉惠思索了半天，说让我先买一份鑫利保险，考虑到我第一次买保险，而且我工资不高，数额太大肯定会给我的生活带来不便，就像强制储蓄一样先买一份小量的保险，这份保险每年缴纳1500元，要缴纳30年，包含个人身价1.5万元（若自己意外死亡的话，保险公司一次性赔付3万元给受益人），意外险、住院费用100元以上1万元以内，可以百分之百报销。若一直平平安安用不到，30年以后，钱还是自己的，相当于给自己存了一笔钱，也可以继续像银行储蓄一样存下去。另外，这个险种还有一定的红利，就是从第三年开始，保险公司每年会返还900元的红利。这900元可以取出来花，也可以抵保险费用，也就是从第三年开始，每年交600元保费即可。

我一听，这样算来，前两年每年交付1500元，从第三年开始，我只需要交付600元，也就是每个月才出50元，50元对于我这个每月3500元的小白领来说，不是小菜一碟吗？

嘉惠说，考虑到以后我的薪水会升高，她会继续适当地让我增加一些险种，毕竟保险这东西，买得越多，身价越高，就好比给自己存了一笔不小的养老金。

这只是我为自己买的一份小的保障而已。

女子爱财，取之有道

　　每个妙龄少女都想嫁个好老公，那么，能够不依靠父母把自己风风光光地嫁出去，就是最体面的"嫁妆"。

　　二十多岁的女孩，当然都是爱美的，每每看到大街上漂亮女孩的美美着装、精致发饰，都会忍不住想去逛商场，去买自己喜欢的东西。

　　但是我们的爸爸不是李嘉诚，更不是比尔·盖茨。有时候看到漂亮的女孩穿着很仙的裙子一飘而过，会感觉自己和别人比起来，怎么像只丑小鸭？但是羡慕归羡慕，与那些浮夸的外表相比，一颗沉静本分的心，是每个女孩都应该持有的。

　　可以羡慕别人，但不可以有虚荣心、有攀比心，女人的虚荣心是会害死自己的。

　　我并不是信口胡说，我上大学时，同校的艺术设计学院服装表演专业有个女孩很漂亮，远远望去，路人都会被她那种明星般的气质所吸引，172厘米的身高，费雯丽一样的脸蛋，不管男女，看到她第一眼之后都会有想看第二眼的欲望。

　　世界上怎么会有那么美丽的女孩？！女人看到都忍不住怜香惜玉起来。

　　可是就是这么一个美丽的女孩，连上帝都如此眷顾的美丽女孩，

自己却不爱惜自己，利用自己的美貌去夜总会上班，去做陪酒小姐。原因是什么？虚荣心！

众所周知，作为一个女人，三分长相，七分打扮。没有漂亮的衣服和整体的装扮，美丽的容颜只会随着岁月的流逝变得与普通人越来越一样。

这个女孩当然知道自己的美丽，对于别人的赞美，她已经习以为常，为了留住自己的美丽，她需要很多的金钱。

这个女孩住我宿舍隔壁，因此我知道她的消息也比较多，她经常逃课，夜不归宿，经常来学校接送她的都是宝马、路虎之类的豪车，她的衣服似乎从来不重样，宿舍里兰蔻的化妆品扔满一桌，香奈儿的包包、LV的手袋在她那里变得像食品袋一样廉价。

她总是不时地向室友炫耀："前些天认识一个老板，他对我特别大方，我已经认他作干爹了，干爹带我去了香港，找了章子怡代言他的广告，章子怡我也见着了，长得还不错。"

"在我工作的地方别人一充卡都是几十万元，满地飘的都是钱。"

身边的其他女孩离她越来越远，她的朋友也越来越少，她接触的都是酒吧夜店的美女，和学校生活越来越远，后来她干脆外宿，在校外租了房子，一个人跳入灯红酒绿的夜生活里。

无疑，她似乎很有钱，无法评估她是否快乐，也许每个人追求快乐的方式不同，也不能果断地说她是错的，她只是走了一条和众人不同的路。她的世界里没有友情，没有爱情，只剩下花花绿绿的票子和醉生梦死的夜生活。

有一次，学生活动时，我遇到这位美女，当大家无意谈起来如今的房价涨得太快，毕业后不知道怎么买房时，她不屑地对大家说了一句："钱是什么？在我眼里不过是纸而已，别人都在郑州送我两套房子了。"

大家有点惊诧，却没有人羡慕她，有人说了句："真的吗？好厉害哦。"

虚荣心，极度的虚荣心！

也许多年之后，她会发现，她的追求是否错误，她失去了什么，又得到了什么。

我们都很年轻，一不小心，就走了弯路，看到叉出来的路与众人走的路不同，觉得那里看起来更美更耀眼，但是越走越远，当想回头时，发现自己连回头的机会也没有了。

也许上帝有时候是公平的，给予我们每个人的不多不少，就看你怎么去经营。庆幸父母给我一张并不是太耀眼的脸蛋，我也曾经很羡慕别人的美，也抱怨过自己怎么长得这么"安全"，不然的话，自己选择的机会会多很多。

然而，长得漂亮是优势，活得漂亮才是本事。

我们接受过高等教育，虽然离不开金钱，但也不会羡慕那些出卖自我、把金钱奉为神灵的"拜金女郎"。

这个世界上，钱虽然很重要，但是有些东西绝对是钱买不到的：朋友的真心，纯真的友情。当自己失去一切，一个人坐在冰冷的别墅里，没有朋友，没有亲人，那活着有什么意思？

电视剧给大众带来娱乐的同时，也在引导众人的价值观，拜金不可取。热播电视剧《北京爱情故事》中，农村出身的石小猛，为了在北京买房，出卖了最爱自己的女朋友，最后他有了比梦想中更大的房子，而且还有了车，在夜总会里在拥右抱艳丽俗气的美女，但是他一点也不快乐，他太怀念当初和那个单纯的女友在出租屋里的日子了。可现实就是：有些错误，一旦犯过，无法回头。

同样，《北京爱情故事》里的杨紫曦，典型的拜金女，因为男友不舍得给自己买3500元的鞋子就提出分手，找了一个富二代，在经历

了无尽的屈辱，被人酒吧灌酒，被富二代私下像玩具一样赠送他人，后来独自堕胎，洗尽铅华以后，发现年轻的自己犯了多么可笑的一个错误。还好，她有一个那么好的男朋友等待着她，她最初的男友吴狄在她经历了这么多之后，在她转身后，依旧守在原地，接纳她、守护她。

但是现实中，并非真的有吴狄，成千上万个杨紫曦历经沧桑后只有一个人躲起来哭泣的份。

君子爱财，取之有道。对于小女子来说，亦是如此。

新时代的社会让女性翻身解放，不再躲在家里当全职太太，一夫一妻制更是让男女变得平等。社会给我们翻身的机会，我们为什么还要倒回去自己作践自己，用依附男人去寻求安全感？我们自己可以挣钱，自己可以理财！

出嫁前为自己备下的"嫁妆"

　　我和老公的结婚有点仓促，因此自己准备嫁妆的时间并不太多，大部分嫁妆都是父母准备的，但是作为一个女孩子，父母辛苦养你二十多年，供你读书，然后又双手把你送出家门，这二十多年，他们实在承受了太多的不容易，如果可以的话，我会用我的生命去爱我的父母，但是当前最重要的就是要省点钱，逢年过节探望父母的时候，多给他们带点东西，另外给他们攒点钱，让他们以后的养老钱更多一点。

　　我从嘉惠那里开始强制储蓄之后，理财的想法就开始逐步蔓延，我必须要变得吝啬了。

　　在"吃"上为自己省钱。若是没有大型的朋友聚会，就在家吃家常菜，省钱少味精，对身体也好。吃西餐前一定要看有没有优惠，有优惠千万不要放过，并多方搜集优惠券。

　　在"穿"上，买衣服时，尽力砍价，便宜一分钱，就为我自己多存了一分钱。为了让自己以后成为一个优雅小主妇，我砍价时必须不优雅。砍价要和卖家打心理战，决不能对一件衣服流连忘返，念念不忘，卖家若是看到你有这种心理，那么价钱就永远无法砍下来，因此必须要快、狠。一旦走出店门，卖家不喊就不要回头。但是也要货比三家，掂量一下东西到底值多少钱，如果转来转去，依旧是第一家便宜，那么就

要不计前嫌，当一次回头客，看到卖家，重新买回，不要不好意思，不要和钱过不去，多数卖家其实和你一个心理，没有人愿意和钱较真。

在"用"上，化妆品是女性三大消费之一，化妆品是不能乱买的，买不好回来用了过敏，又不能退，只能扔在那里成为"鸡肋"，心疼钱又无奈，所以一定要慎重。买护肤品时多向卖家要试用装，试用装用着好，再去专柜买大瓶。不再盲目相信美丽的售货小姐的甜言蜜语，买东西时保持清醒的头脑，不跟风，不随波逐流。

更重要的是，一定要记下自己每一分钱的去向，好记性不如烂笔头，不然大把大把的票子都不知去了何方。

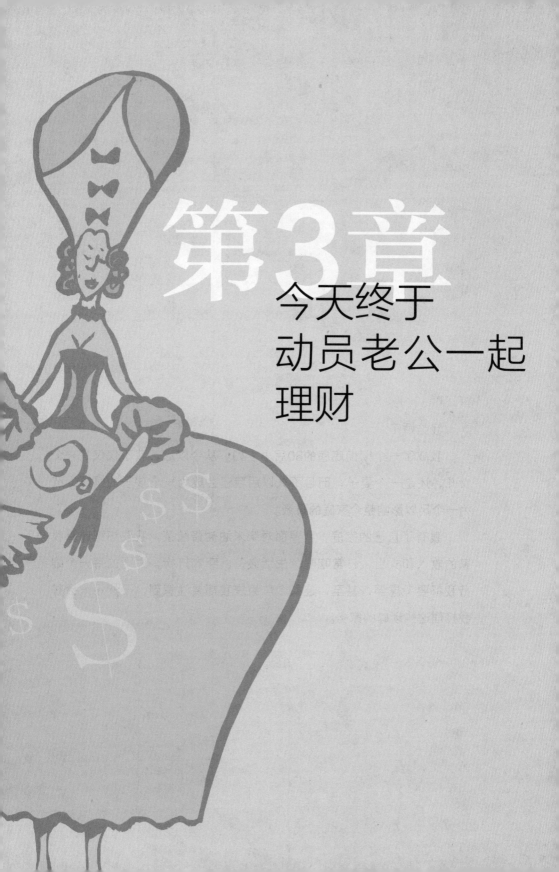

第3章

今天终于动员老公一起理财

富 老 公 ， 富 老 婆

我结婚了。

我成了一个彻彻底底的80后小主妇。从今以后，我不仅仅是一个女儿，还是一个妻子，而且不久以后我还会成为一个孩子的妈妈，成为一个足以影响整个家庭的母亲。

我有了自己的家庭，我要面对柴米油盐酱醋茶，我要细细计算我家的收入和支出，日常吃喝、生活必备、穿衣打扮，生活的每一个细节我都要考虑到，甚至，连买个垃圾袋我都要注意到，不然没人会替我打理这些琐碎的家务。

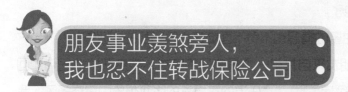

朋友事业羡煞旁人，
我也忍不住转战保险公司

从台资企业辞职后，我度过了一段很不愉快的职业生涯，后来我想到了我的朋友嘉惠。

嘉惠大学毕业后，就进入平安保险公司。

她工作的地方就在我们大学附近，我常常说嘉惠真是守着这片土地不肯走了，满腔的青春热血都洒在了这片土地上。

嘉惠常说："这个城市里有我深爱着的人，更有我那一去不返的青春。"

其实，对我来说，何尝不是呢。

但与我不同的是，我这个好姐妹，至今还没有从当年那场失败的恋爱中走出来。

2003年，我们一起走进大学，住在同一个宿舍，从陌生到熟悉，中间有过争吵互掐，有过同甘共苦，一路走来，都不容易。我对她太了解了，她的感情生活，作为一个旁观者，我除了善意规劝，却无法帮她分担那份遇人不淑的失落。

嘉惠在大二时认识了隔壁学校的一个男孩，那个男孩外形不错，说不上帅得耀眼，但也算是高大耐看，认识两个多月，嘉惠兴奋地回到

宿舍，告诉大家，她恋爱了。

学校的生活大多单纯而美好，两个人谈恋爱，在路边摊上吃鸡蛋煎饼都觉得浪漫。

圣诞节的夜晚，送朵10元一支的玫瑰，就会觉得这个人真是太好了，认定要嫁他了。

然而，再甜蜜的情侣也不得不面临这兵荒马乱的毕业季。

嘉惠的男朋友来自甘肃一个很偏远的农村，嘉惠在毕业后陪他回了一趟家，回来对我们说："任涛的家境真的比我想象中糟糕多了，我们下了火车，又坐了两趟汽车，后来走了有十多公里路才到他家。"说到这里嘉惠无奈地叹了口气。

"真的，虽然我也来自农村，但是我感觉他家就像我家20年前那样，土房子，连砖都没有，天啊，真没想到。"

天啊，不是已经全民奔小康了吗？

在中国的某个角落里，还有我们不知道的贫苦人家，而嘉惠却认识了这个贫苦人家的儿子，而且这个倔强的小姐妹，对任涛是如此的死心塌地，大有这辈子非他不嫁之意。

我们并不是嫌弃任涛家贫，我们也知道嘉惠不是一个爱慕虚荣的女孩，但没钱的日子不好过，作为她的好朋友，我必须提醒她做好思想准备。

很明显，我们的提醒对于这个已经深陷爱情泥淖中的女孩来说，无济于事。

最后，她还是坚持："既然认定了他，我就嫁鸡随鸡嫁狗随狗吧。我相信，人，不会一直穷下去的。"

嘉惠身高167厘米，皮肤白皙，人又好，家境还算可以，我们都隐隐觉得任涛其实配不上她。可是既然当事人都这样认定了，旁观者也不好说什么。

但是，生活的现实，让嘉惠对任涛一点点死心。

毕业后的任涛找了几份工作都不理想，后来干脆在家天天玩游戏，吃喝用的都是嘉惠的工资，即便这样，嘉惠依旧忍着，觉得任涛求职不顺，自己有义务暂时支持他。

但是，不争气的任涛除了吃喝花销靠嘉惠，脾气还越来越大，动不动摔打东西，说嘉惠没有旺夫运，把自己没有找到合适工作的事情推在嘉惠身上，嘉惠满腹的委屈，每次见到姐妹都忍不住想哭。这一切，我和其他姐妹们看在眼里，我们找到任涛，批评他的自私。

但是事情并没有好转，任涛竟然看上了邻居那个独自租房子的小姑娘，说人家能拼能干，比嘉惠强，我和其他姐妹们愤怒了，都开始谴责这个忘恩负义的男人，劝嘉惠和他分手。嘉惠做了很久的思想斗争，经过很多次争吵之后，彻底对这份感情死了心。

没想到这个世界上，男人一旦不要脸起来，真是令人发指，这个任涛，临分手前还要嘉惠赔偿他2000元的青春损失费。嘉惠二话不说，从银行卡里取出2000元，扔给这个她曾经爱过，今时今日却面目全非的男人。

嘉惠常说，这段感情把她伤得太彻底，她甚至不敢再爱了，她以为她男朋友没钱，穷人的孩子会早当家，他们会一起奋斗，在这个城市里共同打拼出属于自己的一片天地，但是她错了，找了个没有担当、没有理财意识、对金钱没有概念的男人，结局就是这样悲惨。

嘉惠很会理财，也很节省，正因为要理财，刚毕业的她就进了保险公司，但讽刺的是，她却遇上了那样一个败家的男人。

我很同情这个小姐妹的悲剧爱情史，但是我相信，善良的嘉惠会找到她的那位Mr Right。

同样，又一次见证了那句话：上帝为你关闭了一扇窗的同时，也会给你打开另一扇窗。

嘉惠的另一扇窗，就是她的事业。

很奇怪，嘉惠离开那个男人后，事业就出奇的顺利。她把自己的精力都投入到保险事业中，很认真地做好每一份保单，她主动和邻居打招呼，和亲戚经常互通电话，和朋友保持联系，不厌其烦地为身边每个人介绍保险的重要性，给身边的朋友灌输保险意识，最后，她从菜市场大妈那里，都能拿到保单。

嘉惠的工作越来越忙，成绩也越来越明显，从当年的一穷二白，到如今自己在郑州东区买了一套70多平方米的两房两厅小户型，付了首付，一个人还房贷，我对嘉惠真是敬佩万分。我也要转战保险行业，我也要实现我在省会的买房梦。

我和老公商量了一下，说想去保险公司，跑业务虽然很累，但是如果签的保单越多，以后的收益就越大，发展潜力也是无限。

老公很反对。

他对保险的看法和我当年对保险的看法如出一辙："跑保险？我不同意！我宁愿自己再辛苦些，我也不同意你低声下气地去求别人买保险！"

"你对保险行业有偏见，保险行业不像你想的那样。"

"怎么不像？我见过太多的人在大街上拉着别人，为了一份保单，求着别人买，在别人面前低人一等一样，最后还被人说是骗子。"

"现在的保险早已不是这样了，保险行业已经禁止在大街上卖保险了，现在是风险社会，你看，你吃的是地沟油，喝的是塑化剂，吃个臭豆腐也是大便熏出来的，什么大头婴儿、三聚氰胺、苏丹红都是发生在身边的事，小孩子吃的果冻都是你的破皮鞋做出来的，现在还有什么是安全的？所以没有人可以预测以后会发生什么事，所以每个人都应该为自己买一份保障。"

"你说的是两码事，可以做其他行业啊，干吗要做保险啊？"

"保险还有很多理财板块，你不信明天去平安保险听听他们的产销会。"

老公半信半疑，最后决定去看看。

第二天正好是周末，老公和我在嘉惠的带领下，到了平安保险公司。

在很多保险行业精英人士的介绍下，老公对保险终于有了全新的认识。

回来的路上，他一个人念叨着产销会上播放的视频中，一个主持人的话："吃不穷，穿不穷，不会理财辈辈穷。"

大功告成，转战保险行业，成功得到李浩先生的支持。

从今以后，我要和老公一起开始理财，共同打造我们的"避风港"。

儿子出生，我变成全职太太

正当我要转战保险行业，准备大刀阔斧开创自己事业的时候，没想到的事情发生了。一天早上，我睡醒后，肠胃里一阵翻滚，忍不住跑到卫生间呕吐起来，我以为自己吃坏了东西，跑到医院一检查，竟然怀孕了。眼下我也不小了，可是，事业？家庭？我如何做出抉择？

老公让我把孩子生下来，理由是结婚了，生孩子理所应当。

可是眼下，我们的房子是租的，我的工作一片空白，两个人只有老公那每个月5000多元的工资，以后再多出来个小家伙，吃喝拉撒都要钱的小不点，我们的日子怎么过？我的顾虑并不是无中生有，我和老公权衡再三，决定暂时不要这个孩子，先拼几年事业，最起码等买了房子再要孩子。一番斗争后，我自作主张去药店买了打胎药。

可是，买回来后，我害怕了。

打胎，这个词我从没想过会出现在自己身上。那是怎样的一种痛啊，自己把自己的孩子扼杀在肚子里，让他化成一摊血流出来，天啊，我为什么要打胎？

我无助的时候想到了我的母亲，她为了我十月怀胎，供我上大学，为了让我不被别人的一块蛋糕骗走，她坚持"穷养儿子富养女"的原则，如果她知道我因为生活的拮据要打胎，她肯定心疼死。还有我爸爸，他那么爱我，为了我，爸爸努力地挣钱，我上大学时，爸爸来送我，他高兴得好几个晚上都没有睡着，每当他在别人面前谈到我时，喜悦之情都是溢于言表，在爸爸眼里，我乖巧懂事，聪明好学，是我们全家的骄傲，他怎么舍得让他的女儿受这么大的罪？

我哭了，打电话给我的妈妈。

爸爸妈妈以最快的速度赶到了我家。

"这么大的事，你们怎么可以做主？我们只有你这么一个女儿，你痛十分，我们心里就要痛上一百倍！"妈妈气得满脸通红，忍不住呵斥我和李浩。

"这件事情，亲家什么意见？"我爸问道。

"还没有来得及告诉他们，他们还不知道。"我声音小得几乎自己都听不见。

"太荒唐了，他们也真是不负责任，我现在就质问他们怎么做父母的，自己孙子快没了都不知道。"

我妈妈立即给远在山东的公公婆婆通了电话，公公婆婆听了也大吃一惊，说坚决不允许我们这样做，婆婆说如果我们没精力看孩子，可以把孩子留给她带，她在农村也没什么事做，多带个孩子并不是什么负担。

我的儿子，就这样幸存下来了，买的打胎药还没有扔，老公后来和我开玩笑说："以后儿子不听话了，就拿出这袋打胎药，告诉他，就差一点点，如果这袋药发挥作用了，就没有他了！"

怀孕期间，我没有去保险公司报到，而是回到山东老家养胎，和婆婆在宁静的村庄里度过了怀胎的辛苦历程，感谢婆婆对我那几个月的照料。

这十个月，对我来说尤其漫长，在怀孕九个月时，我着凉发了高烧，但是孕妇又不能吃药，我浑身燥热难受，觉得自己真的要死了。

那时候我真是不知道自己该怎么办了，当时一个人在远离家乡的山东，没有我的爸妈陪伴，不过还好，有我婆婆。

婆婆是一位很朴实的农村妇女，她对我犹如亲生女儿一样，在这十个月里，多亏婆婆的细心照料，她每天换着花样给我炖不同的汤，猪蹄银耳汤、山药排骨汤，只要是大补的东西，婆婆都尽自己最大能力给我做。有时候我就在想，虽然我的老公不是有钱人，但这小小的幸福，已经让我很知足了，我的婆婆比起那些电视剧中的恶毒婆婆来，真是太好了。

随着待产日子越来越近，我心里很是害怕，就要生孩子了，别人说很疼，到底有多疼呢？到时候会不会出意外呢？

2010年2月18日下午3点15分，我剖腹产生下我8斤重的儿子，在产房里听到儿子的第一声啼哭后，我长呼一口气，啊，所有的痛苦，所有的折磨，这一刻，对我来说都是浮云了。

生下儿子后，刚满月，远在郑州的父母就迫不及待地把我接回去了。

爸爸亲自开车900多公里，把我从山东接回郑州。

这段时间，吃喝花销，全靠老公一人。生了孩子后，我爸妈给了我们一些钱，公公婆婆给了我们一部分钱，还有很多亲戚邻居，都给了儿子很多见面礼，我心里很是感动。

但朋友给的这些都属于礼尚往来，等别人有了孩子，是要还给别人的。

这时，我想起我另一个单身小姐妹在去参加别人婚礼时，说的一句话："随礼嘛，就是零存整取而已。"

我在家照顾了儿子半年，半年后我决定给儿子断奶，去保险公司上班。

起步难，难于上青天

初进保险公司时，工作没有我想象的顺利。

第一个月，我游说身边的朋友，并没有成功，大家的保险意识都不太强，我认识的大多是刚结婚生子的年轻人，手头宽裕的并不多。而我自己虽然很有保险理念，很爱我的家人，可是因为经济的原因，也只能给儿子买一份2000多元的保障。因此，即便有人有保险意识，但在经济方面也是心有余而力不足。

第二个月快到月底时，我还没有出单，实在无奈，一向要强的我，觉得很丢人，于是我给老公和自己买了份万能保险。也许，人只有在自己买保险后才会更深刻地理解保险的意义与功用。人的一生分为五个阶段，在不同的阶段应该给自己及家人买不同的保险。

后来我简单计算了一下，我和老公结婚这段时间，不但没攒钱，还欠下信用卡1万多元，虽然老公的工资已经涨到每个月七八千元，但是我们的生活质量并不高，我已经很久没有为自己添过像样的新衣，而且我们也很少出门吃个西餐，喝个咖啡什么的，那么我们的钱究竟去了哪里？仔细思量后，我发现原因只有一个：我们不懂得理财。

在家坐月子期间，我思考了很多：时光如梭，光阴似箭，我们很快会变老，孩子也会一天天长大，再这样下去，我们的人生可谓是很不

乐观。

每个人都希望自己可以衣食无忧，但在现实生活中，我们却时常会为柴米油盐酱醋发愁，甚至会因为没有钱而使生活陷入凄惨的境地。

我独自思考，假如一个人一生必须经历一段经济拮据的时光，给自己一个选择的机会，那么我愿意出现在哪个年龄阶段呢？也许有些人会选择年轻时，年轻时经济拮据，自己多吃苦受累，年纪大的时候就可以享受到平稳的富足生活。过去的辛苦为了现在，现在的辛劳为了将来的安乐。

但是，仅仅年轻时吃苦就代表老年时会幸福吗？未必，挣得再多，如果没有适合自己的理财措施，那么再多的钱也只能是"酒肉穿肠过"，老了之后依然很难有自己的积蓄。

因此，为了未来能过上自己理想中的生活，我必须要学会理财。

我把自己的想法告诉老公，动员他和我一起理财，得到老公的双手赞同。

我们考虑到，假如把每个人的一生比作一条线的话，那么每个人都有一条线伴随着自己，从出生到死亡，这条线，叫做支出线。除了这条线外，还有另外一条线叫做收入线，可这条线，却是从25岁开始，只能到60岁，显而易见，这35年的收入要支付自己的一生。

那么，我们如何让自己在这短暂的35年创造出属于自己的财富呢？不光是为了我们自己，还有他的父母，我的父母，还有我们的儿子，这35年，我们成了上有老下有小的夹心层。

理财，迫不及待。

卖保险时遇到的那些事 ●

我从事保险行业之后，果然没有得到更多家人的支持。保险这个行业在我们国家发展得并不是太好，在国外很多人都是主动找到保险推销员买保险，但是在我们国家，还是需要推销员去说服别人，讲清楚保险的好处，别人才会去买。但是更多的人，总是在风雨到来之后才会想到保险的好处，这就等于在下雨的时候，才想起自己出门没有带伞，虽然很悔恨，但是也没办法，只好任由雨水淋着；或者如果运气好的话，可以高价买一把雨伞临时遮雨用。

最反对买保险的是我的爸爸，因为在十年前，妈妈因为身体不好，请了一年病假在家休息，那时候我们还在河南的一个小县城居住，妈妈养病养得太久，没有事情做，觉得无聊，于是被一个卖保险的阿姨忽悠，进了一家保险公司。妈妈早已习惯了当人民教师，努力讲好课还可以做到，但是让她去说服别人买保险那就是十分困难的事情了。

说不服别人，但是业绩也不能月月为零啊，妈妈并不是很外向的人，对亲戚朋友说说还可以，她是绝对没有勇气去给陌生人讲保险的。而且那时候人们的保险意识十分低，根本没有人愿意买。

后来妈妈没办法，只好给爸爸买了一份每年交2000元的最基本的

分红险。

之后爸爸修改了身份证姓名，又因为其他事情，准备把保险退掉时，遇上了很大的麻烦，因为身份证姓名不一致，跑了很多次派出所，也进出了很多次保险公司，总算是退回了70%，后来爸爸发誓，再也不买保险，而且逢人就说，买啥也别买保险，全是骗人的。

爸爸的事情主要是因为当时的保险行业还没有步入正轨，存在很多漏洞，再者因为爸爸的身份证名字不一致，而且公安机关的服务效率不高，才造成他跑了很多次才办成。因为保费没有交到期，属于单方面终止合同，所以不能百分之百退回，爸爸很生气，但是也没有办法。

爸爸对保险的排斥，直接影响到我对其他亲戚的劝说，由于爸爸在事业上小有成就，我老家的叔叔婶婶们都觉得我爸爸的话很有分量。

他们都听信了我爸爸的那句话："买啥也别买保险。"

这对我事业的发展造成了很大的阻碍。

为了说服爸爸，我尝试了很多次，但是也失败了很多次。

没办法，我只好把目标锁定在朋友、同学身上。

我动员妈妈和老公把个人签名都改成关于卖保险的内容，这也有点作用，有人打电话来问车险，只是更多的人就是为了比较一下，看看哪家的便宜划算，也有人来咨询的，我讲解了很久，他还只是先了解了解。

有些人了解了之后却在别的地方买了，我知道了以后非常生气，但是有什么办法呢，买哪家的保险是别人的自由，我无权干涉。

但是最让我气愤的还是我的邻居小陈。

小陈在一家大型商场做理货，和我年龄差不多，有一个女儿，和我儿子差不多年纪，她有时候会抱着女儿来我家玩，我们彼此很熟悉。

每次从山东老家捎来特产之类的东西，我都会给她送一些，她也会礼尚往来，经常给我送些小东西。我一直觉得有这种邻居挺好的，大家都是年轻人，出门在外，相互照应挺好。

后来有一次，小陈跟我说她理货工作太累，不想再干了，先干点其他的，问我有没有可以介绍的。

我想着小陈也是能说会道的人，让她来我公司做保险推销员也不错，就把这个想法跟她说了，她也说可以考虑考虑。

我非常开心，因为我们公司有规定，如果可以介绍人进来，我负责培训指导，以后她的业绩也会给我带来一些奖励，而且我们以后既是邻居又是同事，可以相互照应了。

没想到的是，我回了一趟山东老家，回来后，小陈告诉我，她去了另一家保险公司。

我听了当时就有点懵，问她："你不是说好来我们公司的吗？而且离咱们的小区也近，怎么去了别家呢？"

小陈支支吾吾地说："楼上的大姐请我吃了顿饭，强烈要求我去她在的那家，我觉得挺不好意思的，再说你也不在家，我这边辞了之后，就去了她公司。不过我还是要感谢你让我了解了这么多保险知识，要不是你讲，我对保险也是一窍不通呢。"

无语了。真是希望越大失望越大。

看来为别人铺路的事，我真是没少干。

后来我发现小陈不怎么来我家玩了，我们的关系似乎也没以前那么好了，也许人就是这样，她觉得不吭声去了别家，便不好意思再来见我，我心里不爽快而有了疙瘩，之后也没有去费工夫解开这个结。

直到后来，小陈打算和她老公搬走，来我家和我道别，我才发现有些时候自己总觉得还有时间和别人相处，但是人生就像是一趟列车，有人陪你走到这段路，就下车了，下次再想同车就遥遥无期了，而自己没有珍惜那段旅途，是多么的可惜。

第4章
婚后，我是
　老公的管家婆

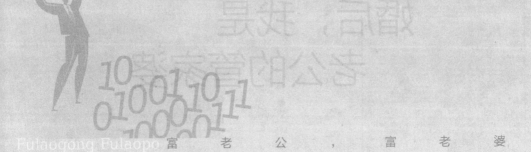

　　结婚后，原先浪漫的恋爱生活一去不返，取而代之的是永远也算不清的家庭琐碎支出，我们再也不会像恋爱时那样，每个周末两个人一起去逛逛街，吃顿西餐，看场电影。现在一到周末，就是去会下朋友，或者在家洗衣服、打扫卫生，有时候真的什么也不想干，直接倒头就睡，睡到中午自然醒，彻底放松。

　　结婚后，买东西再也不是看见自己喜欢的就买，开始过日子，就要学会掂量东西是否有用，某件东西如果买了之后三个月内还没有用它，那么有可能这辈子就用不着它了，就等于白买了一件东西。很多打折东西，也不敢再盲目跟风，不需要的话，再便宜也不会买。

爱情婚姻大不同

爱情，是让人听起来就心驰神往的美好事物，人世间最美妙的情感。想到爱情，大家都会想到自己的初恋，想到当年那个懵懂的自己，那些单纯而美好的回忆，但是爱情并不是贯穿人的一生的，爱情只属于那个不计较未来的岁月，人长大了，会发现爱情虽然美好，但却不如米饭面条来的实在。

无论爱情的感觉是多么美妙，其最好的归宿应该是婚姻。也许，有人会提出反对意见，并提出"婚姻是爱情的坟墓"等一系列堂而皇之的理由，但想要爱情持久，就必须将其从半空拉回到地面，并给其一个强有力的保障，也就是婚姻。

在谈恋爱时，人们可以风花雪月，但进入婚姻生活后，就不得不考虑到吃穿用等物质条件。人类得以存在和繁衍的第一要务是生存，而作为生存的必需品，"面包"虽然不能像爱情一样，被渲染成一种崇高的境界，但缺少"面包"对两个恋爱的人来说，那也是不可能长久的。

我们的国家是一个传统的文明古国，爱情被古人渲染得极尽美好，有"在天愿作比翼鸟，在地愿为连理枝"的千古名句，也有"两情若是久长时，又岂在朝朝暮暮"的离合之苦，但同时也有"贫贱夫妻百事哀"的说法，更有"嫁汉，嫁汉，穿衣吃饭"，"嫁鸡随鸡，嫁狗随

狗"等俗语。

民间俗语在表达方式上可能显得有些粗俗，会被现代年轻人鄙视，却往往是长期生活经验的总结，其中反映的道理可能已经被验证为真理。在古代，女子扮演的是依附者的角色，结婚更像是生活的保证，极少是基于爱情的结合。

今日，人们在寻找另一半时，往往会事先打听清楚对方的工作单位、收入等与物质条件息息相关的因素，尤其是在房价高耸入云的大都市，有房的年轻人更是成为婚恋市场的"抢手对象"。这也怪不得如今的人们，不是人们变得现实，是这如今的社会逼着相亲的人们不得不亮出自己的基本条件来，两个人相亲，本就不是单纯的青春期好感，目的直接，就是结婚。那么对于女孩子来说，结婚后的基本生活保障自然不可忽视，在如今男女平等的社会，男人也会这样认为，既然是两个人过日子，那么AA生活也是合情合理，买房子首付每人一半，房贷也是一人一半，男女平等嘛，现在女性也半边天了，男人压力也不小，不能总让着女人啊。

有个笑话是这样讲的：一美女在银行工作，同事之间难免有些竞争，一位男同事看着这位美女说："长那么漂亮，何苦和我们这帮大老爷们争饭吃呢？回家好好找个有钱人嫁了就行了呗。"那美女瞪了他一眼说："那份工作，比这份工作竞争更激烈！"

两个人谈恋爱、结婚，时间是极具证明力的武器，也是检验一切的唯一真理。能不能走到最后，除了要看两人坚定的感情基础外，还离不开柴米油盐等物质。经济基础决定上层建筑，物质基础会影响爱情与婚姻的质量。

我们不能不切实际地仅仅依靠爱情而活，以为有了爱情就拥有一切。殊不知，如果缺少物质的滋润，爱情之花早晚会枯萎。

食不果腹、居无定所的爱情，以成熟的眼光来看，并不代表浪漫与伟大，而是对自己和别人的不负责任。毕竟，我们都是凡人，并不能依靠大自然的光和热生活，那么以适当的物质基础来为我们的爱情铺路，虽然有些辛苦，但却更让人感觉踏实。

爱情虽然可贵，但是没有物质的爱情也只能是水中月、镜中花，看上去很美，却极不现实。

婚前婚后大不同

因为老公原来一直没有确定最终留在哪个城市，他爸妈只好在他们当地县城买了一套70多平方米的房子，并很费心思地精装了一番。可是婚后，我们却都在郑州工作，老家的新房子也就暂时搁置在那里，卖掉吧，公公婆婆舍不得，不卖吧，房子就空在那里，想租出去，但是我和老公都在郑州，根本没时间找租户。

结婚的时候，老公信誓旦旦对我说，他决定在郑州发展，那么在郑州买房就成为我们的第一要务。可是郑州的房价越来越高，让人可望而不可及。如果不学会理财，仅仅依靠工资的增长速度，能追得上房价的上涨速度吗？！

买到房子不是万事大吉，经过装修才能享受天伦之乐。可是装修却不是小孩过家家，每一块瓷砖都要自己亲自过目，每一块墙纸花的都是我的血汗钱，但是为了以后有个干净温馨的小窝，我必须计算每一分钱，让钱花得有用，可是不理财，我又怎么能填满装修的无底洞？

婚后，家庭生活的成本越来越高，一不小心，柴米油盐酱醋茶开始充斥着人们的生活，变成负担不起的"奢侈品"。这些问题在结婚前对我来说，是多么的遥远啊，可是结婚后就不一样了，不可能每天去饭店吃饭吧，那么一日三餐，除了我，还能有谁去打理？不理财，我又怎么能承载生活的重压？

股市风起云涌，看别人赚得那么快，我和老公也忍不住想要试一下身手。但是，收益越大的股票，风险也就越大，我和老公这样的普通百姓能在股市中捞到Money吗？

婚后，我们将成为上有老下有小的夹心层，父母年纪越来越大，身体越来越差，转眼就要从"养你者"变成"你养者"。不理财，我又怎么有能力让他们安享晚年？

孩子是我们身上掉下来的肉，我们也不得不履行抚养孩子的义务，小孩子的吃喝拉撒睡都要花钱，教育费用更是很重要的一部分。如果不理财，我拿什么供养孩子？

我只是一名普普通通的80后家庭妇女，受过几年高等教育，对于理财，我尚不太清楚，没有下过股海，也没有做过生意，一片空白，等待着岁月在上面印下痕迹。

我不是吝啬的守财奴，也不是投资高手，只能凭借与老公两人的努力，撑起一个温馨幸福的小家，将生活打理得有条有理，在赡养父母方面尽心尽力，在教育孩子上时刻准备着。

在寻找幸福的道路上，我和老公一路小跑，我们这辈子也许不会拥有大别墅，也许没机会开豪华跑车，但是我们只希望一家人开开心心。

我们追求财富，最终是为了追求幸福，所以，制定理财目标应该脚踏实地。给自己制定一个难以企及或无法完成的目标，实际上是自寻烦恼，那样你可能会一头栽进理财的跑道中，跑着跑着就迷失了方向，距离幸福更加遥远。

说走就走的旅行，多么奢侈

作为一个普通的80后小主妇，其实我和其他的80后有着大致相似的人生，也有着区别不大的理想。

小时候我幻想长大后成为一个科学家，科学家具体做什么其实并不知道。

也希望自己成为耀眼的明星，只是觉得她们很好看。

但是话说回来，我最大的理想还是和老公周游世界，既然老公要挣钱，那我就找时间自己出去走走吧，再说整天对着公司的同事，我真的想出个远门，去旅行一下了。

这也与我内在的文艺细胞有关系，我觉得自己虽然看起来文艺气息不浓，但却时常喜欢写一写心情，发一发感慨。

有人说过，要么读书，要么旅行，身体和灵魂，总有一个在路上。

古人云：读万卷书，行万里路。

我上了那么多年学，读了那么多书，也该去走走万里路了。

我说到做到，和在南昌的大学同学肖云联系上了之后，就打算去江西旅行。江西地处长江以南，有山有水，我真想去和大自然来个亲密接触了。

肖云是我大学时同一个宿舍的好姐妹，毕业后嫁到了江西南昌，我这次去找她，正好让她陪我好好玩玩，出去玩当然是游山玩水了。

肖云听说我要过去，也很高兴，她说正好过几天她想来郑州办点事情，到时候我们可以一起回来。

前段时间，我给儿子断奶以后，由于我和老公工作忙，儿子只能由婆婆来照顾，但是婆婆一个人在郑州觉得不习惯，总想回山东和公公一起，于是，婆婆带儿子回山东一些日子。这些日子，我和老公下班后总感觉家里空荡荡的，不过我觉得应该珍惜这段自由时光，等旅行回来，再好好补偿一下儿子。

我立马开始在网上订票，郑州到南昌一共9个小时，那肯定是要定卧铺了，但是我发现根本没有硬卧，可能由于学生放假，火车票不好买，我只好花300多元订了一张软卧。

软卧比硬卧贵了100多元，我心里自然很不舍得，跟老公抱怨了好多次，老公说我："你挣钱就是用来花的，别不舍得，软卧比硬卧舒服多了，人少空间大，还可以看看电视，跟行动着的旅馆一样。"

"可是，可是，好贵啊。"

"算啦，我的老婆大人，你只管去玩，玩得开心点，钱由我来挣。"

这么好的夫君，此生何求？

我忽然想起来，儿子在山东婆婆家，如果婆婆知道我出去玩却不回去看儿子，肯定很生气，这事情，还是瞒着她好。

于是我对老公说："你别告诉咱妈我出去玩了，你就说我和我爸妈回了老家，我到了那边会给婆婆打电话，我玩四五天就回来了。"

"好吧，我知道了。"老公虽然希望我出去走走，但是我能看出来，我这说走就走的旅行，他似乎也有点羡慕。

软卧的环境比硬卧好些，人也少一些，很干净，我睡上铺，每个床位上都有一台小电视机，我躺在床上看了会电视，听了会音乐。

和我一个车厢的竟然是三个男人，我有点郁闷，但是他们看起来还挺有素质，总算安慰了些。有个男的还一个人在火车上买了几个小菜，喝起了小酒，看着真是惬意。

我看着这些人，想起以前和老公回山东时，有一次因为没买到卧铺，买了硬座，也是晚上的火车，硬座人多，而且又脏又乱，有的妇女抱着孩子，孩子大声地啼哭，吵得周围的人议论纷纷，我也是一晚上没睡好，后来阴阳失调，一周才调过来。

而且在那天晚上，车厢里还有小偷，有个女孩，忽然大喊大叫地说丢了钱包，哭着跑了几个车厢也没找到钱包，还有人丢手机……

总之，那是我最痛苦的一次旅途，我发誓以后出远门，买不到卧铺就不出发。

而这次我看着干净有序的软卧，觉得古人的那句话没有错："仓廪实而知礼节，衣食足而知荣辱。"

真是要多挣钱，物质充足了，才能有精力顾及自己的穿着打扮。

到了南昌后，肖云在火车站等我，她和老公开车来接我去了他们家。

肖云先是带我去了南昌红谷滩新区的摩天轮，这可是全亚洲第二大摩天轮，第一大摩天轮在新加坡。我和肖云在上面整整呆了半个小时才转了一圈下来。

后来我们在红谷滩附近吃饭，然后又去了秋水广场看音乐喷泉。

第二天，我和肖云准备去江西上饶的三清山。

我们俩想自己在网上团购一个纯三清山的两日游，因为所有旅行团的两日游都是只有最后一天是游三清山，第一天是在别的游览区，晚上到达三清山脚下，住宿在山下，第二天早上才出发去游三清山，说是三清山两日游，其实只有第二天的上午游三清山而已，而且旅行团的住宿大多不是太好。

我们在网上找了半天，发现自己去玩的话，比较麻烦。没有从南昌直达三清山的大巴车，那么我们如何去如何回来的问题没法解决，但是我们可以团购两张三清山门票，可以住好一点的酒店，还可以自己决定游览三清山的时间，不会像跟团那样走马观花地游览。

我们权衡了半天，因为她老公上班忙，没时间去玩，我们开车的技术又不怎么样，后来决定还是报旅行团。

肖云找了他们上次出去旅行时报的旅行团，我们直接去旅行团问，那里的接待小姐十分热情，而且个个都长得很漂亮，我们出来玩想吃好住好一些，于是和她们要求好一点的住宿，那个接待小姐倒是好说话，说给我们选择准三星级的住宿，保证满意。于是我们立马签了合同，买卖成交了。

第二天我们就跟着旅行团踏上去三清山的旅途了。

在从南昌去上饶的路上，旅行大巴车刚走了20分钟，后面就有人大喊说车里太热，明明承诺的是豪华大巴，根本没有达标。

我和肖云在前面坐，因为我们都不是太胖的人，也没有感觉太热，心想后面这个人怎么这么多事，这么多人，迁就一下就算了。

谁知，后面的人还真不是一个好惹的主，非要停车换车，说这车不行，后面车厢的其他人也有人说要换车，前面的小姑娘们倒是好伺候，都觉得没必要换。我们这车上一共三个导游，三个导游只有一个看起来还算老练，其他两个看着资历尚浅，根本不知该怎么解决这件事。

争执了一会儿后，导游只好让旅行团那边再发一辆新车来。我们都下车后，等了十来分钟，果然来了一辆崭新的豪华大巴，而且是河南宇通客车。

我们舒服地坐了上去，觉得这抗议还是有效的，虽然我们刚才不满那个满口脏话的旅客，但是这辆车确实比刚才那辆车坐着舒服多了。

前面说过，很多去三清山的旅行团，头一天都是先玩别的，我们

这个旅行团也不例外，先是去了江西弋阳的龟峰，其实龟峰风景看起来一般，下午又跟着导游去了玉山县的特产店逛。我已经是第三次参观这种卖竹纤维的店了，听着那些人介绍时，我早已麻木，没有了任何感觉，因为那些人讲的那些产品的功效，我在多次购买后发现非常失望，这次我和肖云商定，什么也不买。

但是，导游跟我们说，山上的酒店是没有毛巾供应的，必须自带这些东西。

我有点纳闷，旅行团的人说好是准三星的酒店，怎么会连毛巾也没有？

我们从当地的竹纤维店里出来，已经是下午4时多，我们又坐了一个多小时的车来到酒店。一到酒店我就失望了，这哪里是酒店，明明是农家，别说准三星级，连二星级也不到！

晚上我和肖云洗完澡后就开始给旅行团的人打电话，责问她说话怎么这么不算数。

过了一会导游过来了，这个导游是小姑娘，带团不到一个月，明显经验不足，对于我们提出的问题，她惊慌失措不知如何解决。

我们要求换酒店，她不肯，她给她的领导打电话，领导没接，她竟然不敢再打，说让我们忍忍就在这住好了。

这是什么解决办法？！

我们再给旅行团接待我们的业务员打电话，业务员竟然不接电话了！

我和肖云很是气愤，说今晚解决不了，就不睡觉，不然的话就开车把我们拉回去好了，我们明天不玩了。

后来僵持了很久，导游又给她们的领导打电话，终于打通了，那个经理让我们每人再加150元换家五星级的酒店。

开什么玩笑，这时候又让我们加钱？！

我和肖云当然不依，那个导游竟然说："那没办法了，那我们今晚上都不睡觉好了。"

我们一再要求她给领导反映，我们交了住宿准三星级酒店的钱，为什么不是准三星的服务？

导游出去打了几个电话，回来似乎有些解脱，跟我们说："你们收拾下东西，咱去另一家酒店吧，这家是准二星级，我们现在就去准三星级的，费用我们公司出，只要你们玩得开心就好，因为金杯银杯，也不如你们的口碑重要。"

我对这个导游不是太信任，一来她对这里根本不熟悉，二来我对她解决问题的方式抱有怀疑，所以我不太相信她的话，我决定先和她去看看另一家酒店怎么样。

新换的酒店离我们这家大概有100米，但是山里没有路灯，走起来还是很吓人，晚上9点多，山里很静，只有哗哗的流水声。

我看到这家酒店还不错，虽然也是私人开设的，但是条件设施明显高了两个档次，而且里面设备齐全，看起来很整洁，老板服务也很周到，于是我打电话让肖云收拾东西过来。

我们终于在作出抗议之后，有了结果，看着新换的酒店，我和肖云很是满意。

睡了一觉后，第二天早上6点，梳洗打扮后，我们吃完早餐，等着大巴车来接我们上山。说到上山，我觉得江西不像河南，这里到处都是山水，我感觉从南昌到上饶，进了上饶玉山县后我们就一直在走盘山公路，一直在上山。

大巴车走了大概有20分钟，我们来到三清山景区门口。

七八岁的小男孩、小女孩抱着拐杖向我们推销："阿姨，买个拐杖吧，5元钱，等下肯定用得着的。"

我心想小孩子这么小就这么会做生意，真是难得，就买了一根木

拐杖，准备过一会登山时用。

进了景区以后，我们先是坐缆车上去，再爬一会山，到达山顶，山里的空气湿漉漉的，一点也不热，让我们忘记了自己是在盛夏的季节。

三清山景区很漂亮，但是爬山也很累，幸亏刚开始是坐缆车，不然真不知道要爬多少天才能爬上来。

栈道修得很险，我们行走在很高的山上，肖云不敢往下看，我们都好像在天空中行走一般，山里一会有雾，远处什么也看不清，一会清晰，能看到雾慢慢地被山风吹散，好像仙境一般。

有人在山上卖弄文采："我欲乘风归去，又恐琼楼玉宇，高处不胜寒。"

有人在高喊着："看啊，那边飘着一股妖气呢。"其他人争辩说那是仙气。

旁边有个人说三清山比庐山美。

我对肖云讲："庐山是江西有名的山啊，为什么三清山不被古人作诗呢？真是奇怪。"

"三清山太高了，李白和苏轼他们爬不上来，那时候也没有缆车，没有栈道，所以他们没机会看到这美景，只能去庐山感慨下喽。"肖云回答我。

说的似乎很有道理呢。

下山时，更是不容易，走了一会我的腿就开始发抖，其他游客也是如此，没办法，谁让自己不经常锻炼身体呢，身体素质太差，才会这样，一上山就累，一下山就抖。

这三清山之行让我的腿整整酸疼了一个星期，以至于我回到郑州后上下楼梯，小腿还酸痛。

从三清山回来，接下来两天我们又去了南昌的八一广场和中山路附近逛了逛，还去了滕王阁玩。

婚后，我是老公的管家婆

南昌的空气和郑州的很不一样，郑州处于中原地带，夏天的雨来得猛烈，去得也快，下完雨后十分凉爽。但是南昌这边一直都是小雨不断，而且空气里有湿热的气息，在街上走了一会，身上就黏黏的，头发也容易脏，隔一天不洗，头发上就有一股酸臭的味道。

但是这边的湿润空气，让这边的人的皮肤看起来没那么干燥。

我是第五天晚上和肖云一起坐火车回郑州的，两个人的旅途一点也不单调，我们一路上说说笑笑，累了就爬到上铺睡一会，很快就回到了郑州。

老公在西站出口接我，到郑州时已经是晚上12点了。

回到家，我看到家里乱糟糟的，家这个地方，真是缺了女人不行，我才走了5天，我能看出在我离开的5天时间里，地板一次也没拖过，甚至也没扫过。

客厅的茶几上，已经有了一层灰，这是因为，在郑州这个地方，两天不擦家具，就会有灰的，家家都是如此，我这走了5天，可以想象了。烟灰缸里已经堆满了烟屁股，5天了，他一次也没有倒过，更谈不上清理了。而且垃圾桶里的瓜皮还没有倒，喝完的酸奶瓶子也没有扔，空气中还有一些小飞虫。

厨房里乱七八糟地摆放着吃完泡面等待刷洗的碗筷，泡面的残渣也没有清理。

卧室里的地上扔着穿过的袜子、换下来的内裤，我真是无语了，如果我一个月不回来，真是不敢想象了。

我原本兴奋的心情瞬间跌落到谷底，顾不上长途奔波的劳累，我赶紧收拾东西，不然今天晚上没法睡觉了。收拾着东西我忍不住抱怨："怎么这样脏啊，认识你之前也不知道你怎么过的，这身上都快生蛆了吧？"

老公根本不管这些，一个人跑去玩电脑，还说风凉话："你都潇

洒去了，还顾及这个家啊？"

"那你也不能这么不讲究啊，怎么可以这样脏啊，真是没法共同生活了。"

"收拾就收拾，怎么那么多话！"

我心里很不爽，一边收拾还一边抱怨个不停，我下次再出去玩，一定要把这个男人带着，不能让他在家糟蹋家。

"对了，明天给儿子打个电话。儿子那么小，你还真放得下一个人跑到江西去玩。"

"知道了，不用你提醒！那是你儿子，也是我儿子！"

我狠狠地瞪了他一眼。

这次出行，让我感觉到，我已经成为一个男人的妻子，一个孩子的母亲，我再也不是以前单身的女孩，那些说走就走的旅行，对我来说已经越来越奢侈了。虽然这次没有花多少钱，但是我看到归来后的场景，才发现很多人不是做不到说走就走的潇洒，只是她们心中有太多的牵挂，这些牵挂使她们不得不把自己的梦想一次次搁浅，因为，一个家和一个人，差别太大，家有家的温馨，也有家的牵绊，这样的旅行，对我来说，以后会越来越少了。

成功扮演"家庭主管"

女人不仅掌管着钱袋子，是家庭的"财政主管"，在家中还扮演着多重角色，既是妻子，又是母亲，还是儿媳妇，十足一个四通八达的家庭关系"集散地"。

在家庭中，女人成为一个牵一发而动全身的关键元素。如果没有给予丈夫足够的爱，或与丈夫在生活中出现分歧，将直接冲击婚姻关系的稳定。

母亲的一言一行，都是埋在孩子心中的"种子"。如果没有给予孩子足够的关心，或不注重自己的行为，将会直接影响到孩子的思想观和价值观。

婆媳关系自古以来就是一大难题，也是影响家庭关系的一大隐患。作为儿媳，如果不能视公婆为自己的父母，关心并尊重他们，难免会牵连至夫妻关系。虽然我的婆婆对我如同亲生女儿，但是我们之间毕竟没有血缘关系，我和婆婆的关系还是要小心翼翼地维持。

当然，作为嫁出去的女儿，如果离开原来的家庭，就对父母不闻不问，也是人生的重大失职。这样做不仅仅伤了一对老人的心，更是人生的一大污点。

由此可见，一个家庭的幸福，在很大程度上，要靠女人的精心营

造。既然女人被赋予了这样的重任，也就迫使女人必须用心呵护每种关系，做好每件事。

老公是男人，不是超人，再坚强也有脆弱的时候。这时候，女人就不要再继续扮演被呵护者的角色了，要适时转变成鼓励者，让老公体会到你对他的关心。对他来说，你是他最亲密的人，在他最需要的时候，你的鼓励就是他最大的安慰与动力。

婚后半年，老公接手了一个重大项目，连续在公司加班。当时单位领导曾许诺他，如果项目顺利完成，年底就提升他为项目经理。这个许诺，让老公信心倍增，那段时间他对工作的专注度甚至达到废寝忘食的地步。

两个月后，项目如期完成，老公满怀信心地等待着年底兑现的承诺。不过，生活总是这样充满了戏剧性，如大多数电视剧中演的那样，年底公司老总提拔了一位项目经理，但不是我老公。

男人对事业的看重，往往超出我们的想象。这件事情让他很是想不开。没晋升成功，工作还是要继续，在单位老公还是维持着原来的工作表现，但是下班回家之后，他就会变得异常落寞，郁郁寡欢。

老公的失落可想而知，我心里也不痛快，没有办法，我只能尽量安慰他："事情没有绝对的公平，领导可能有自己的苦衷，说不定下一次就能轮到你……"我滔滔不绝地说了一大通，但老公仍然无动于衷。

没办法，谁让他是我老公呢，想想他对我的种种呵护，那几天我想尽各种办法逗他开心，用他后来的话说"就像一个妈妈在安慰考试不及格的孩子"。下班后我尽量早到家，在他回家之前把他喜欢的饭菜准备好，晚饭之后我给他讲发生的趣事，或者拉他一起看搞笑电影……

对于这次经历，老公至今仍念念不忘，他说我的尽心尽力，让他体会到浓浓的暖意，也是他走出升职阴影的最大动力。

世界上没有无缘无故的爱，即便是夫妻双方，要想保持长久的关系，也不能依靠单方面的付出，需要两个人的互相关心和支持。在老公遭遇挫折时，仍然相信他、鼓励他，帮助他恢复信心，将来他必定会更加珍惜你。

当然，只是鼓励还不够，作为妻子，你还必须让老公知道他在你心中的位置，让他感到自己对你仍有魅力，以免产生不必要的猜疑。要容忍老公的正当爱好，你可以不喜欢，但也要尊重，尤其不要加以讽刺……

教育孩子，对于家庭主管来说，也是一项非常有挑战性的任务。

在日常生活中，大多数父母总认为孩子小，不懂事，应该全部听命于父母，丝毫不留商量的余地。有些父母在面对孩子不听从自己的想法时，甚至会恫吓孩子。

恫吓的理由之一就是一切为了孩子好，也就是将自己的标准强加在孩子身上。诚然，与孩子相比，父母有较多的生活经验，但须知，经验的正确性往往也会受到时间和空间的条件限制。拿着自己过去的经验指导孩子，如果孩子听从，就意味着他难以逾越时间和空间的限制，不能去追求更高的境界。如此一来，当然也无法实现父母们"青出于蓝而胜于蓝"的愿望。

被我们视做一无所知的孩子了解的东西可能远比我们想象中多。他们的纯真，未必就是无知，相反可能是父母们已经丢掉了那些本应该拥有的东西。

其实与孩子交朋友，大人也可以学到一些东西。用孩子的眼光看待世界，才能真正了解孩子。在与孩子沟通时，我们要多站在孩子的立场想问题，用孩子的心去接近孩子，如此彼此之间才能有更多的话题，也才会有心与心的交流。

教导儿子我也有自己的方法，虽然儿子还小，我不敢说我的教导方法一定成功，但是最起码儿子很快乐、很健康，也很懂事，小小年纪见到长辈就会喊人，我希望儿子以后也继续这样下去，永远快乐、开心，那我也就放心了。

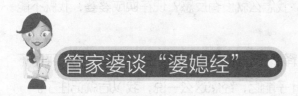

管家婆谈"婆媳经"

俗话说，"家家有本难念的经"，婆媳之间的大战在我国从来都没有停止过。我们从电视剧上就可以知道，如今关于婆媳关系的电视剧占据着巨大的市场，著名的演员海清就被大家称为"好媳妇专业户"。

我从来不会问老公"妈妈和老婆掉入水里，先救妈妈，还是先救老婆"这样的问题，我也不会让老公在我和他妈妈之间做"双面胶"，受夹板气。但是，这一切说起来容易，实施起来其实各家有各家的难处。

俗话说，"三个女人一台戏"，其实两个女人在一起，也免不了会有些鸡毛蒜皮的小事困扰。虽然在电视上，后宫之内大多是嫔妃之间争宠，太后与嫔妃之间争宠的不多见，但是在现实的小家庭里，婆婆和媳妇的相处却并没那么简单。结婚不久时，老公将公婆接来郑州小住，见面第二天，我和婆婆就差点"开战"。

当时，我洗菜完毕，刚准备将空心菜的叶扔进垃圾桶，婆婆就冲我开嚷："你怎么这么浪费啊，空心菜叶子照样可以炒着吃，你太不懂得过日子了！"

听到婆婆的话，我心里顿时很委屈：我家从来不吃空心菜菜叶，也没听说过谁家吃，这怎么能算不会过日子呢？

当时，我想回敬她说："我家从来不吃这个，我也没听说过谁家

还吃菜叶子。"不过我突然想起公婆来的前一天，老公对我说的话："山东老家那边和咱们生活习惯不同，遇到问题你一定要多让着咱爸妈。"心中的火气立刻消下去几分。冷静下来，我又想到，我妈平时不也会为一些琐事说我吗，我怎么就没有反感？现在换成婆婆，我就不能忍受了？

这么一想，我心里释然了，微笑着对婆婆说："妈，我们平时不炒空心菜菜叶，不知道叶子能吃，经您这么一说，我以后就记住了。"听我这样一讲，婆婆好像也意识到自己刚才声音过高，拉起我的手说："我也是对事不对人，可能说话方式不对，你不要往心里去啊！"然后，我们相视而笑，幸亏我把话讲明了，谁也没有在心里留下"疙瘩"。

这场未发生的战争带给我很大的启发。处理婆媳关系，表面看似很复杂，其实很简单。我的体会是，和婆婆相处，可以像敬重亲妈那么敬重她，但不可以像在亲妈面前那样太放任自我。

和自己的妈妈吵架，吵完之后一转脸就忘得干干净净，饿了还是会跑到厨房里问妈妈为什么饭还没好，但是在婆婆面前跑到厨房里却要问问要不要帮忙之类的话。

视婆婆如亲妈，就是在与其发生摩擦时，不管错在哪一方，咱们身为晚辈一定要忍让，切不可针锋相对，等到大家都心平气和时，再来讨论矛盾的解决方法。如此一来，明事理的婆婆会明白这是你在给她面子，今后她有可能会想办法弥补自己的过失。

孩子与亲生母亲的关系有时不用刻意去维护，但婆婆与媳妇的关系则不同，由于没有天生的血缘关系，必须要尽心尽力维护。此时，要把婆婆当成亲妈来看，既要在物质上做到孝敬，又要在感情上多沟通交流。

礼多人不怪，婆婆在这住的时候，我每个周末去逛街时都会给婆婆买件新衣服或者化妆品之类的东西，婆婆嘴上说我乱花钱，其实心里还是很高兴！

还有很重要的一条就是，不要在老公面前说婆婆的不是。"子不嫌母丑"，没有人愿意别人在自己面前说亲人的坏话。你向老公告他妈妈的状，结果可能会破坏你们的夫妻关系，却不一定会让老公与你一起批评婆婆。

在结婚前曾经有个姐妹告诉我她处理家庭关系的妙诀：妹子，咱嫁人了，不可能事事如愿的，送给你一个字就是"忍"。

总的来说，婆媳关系招数再多、再妙，终归逃不出一条黄金定律，即保有一颗宽容大度、为他人着想的爱心，要让婆婆知道，你并没有霸占她的儿子，而是她多了一个女儿。

第5章

老公和我理财
各有道

　　结婚后，老公和我的生活都有了很明显的变化。老公是从农家小户拼出来的孩子，刚毕业上班后在一家大公司做市场专员，业绩不错，工资也不低，但是消费很大，总觉得自己小时候在农村，很多东西没有接触过，现在自己有钱了就想把这些以前没玩过的玩一遍，把自己没吃过的吃一遍，结果吃得又高又壮，可惜钱袋里却是空空如也。

　　我和老公相差不大，不然也不会走到一起。我总觉得结婚买房买车都是男人的事，女人挣个零花钱养得起自己就好了。2007年刚毕业时，我爸爸说在郑州给我买套房子，那时候房子便宜，郑州北环地段每平方米才3800元，70平方米的房子，一共不到30万元，首付我爸帮我付8万元，之后分期还贷，让我每个月1500元慢慢还。可是当时的自己真是目光短浅啊，现在想起来就后悔得直想吐血，那时候买了多好啊，可是当时的我，竟然说自己每个月省不下那1500元，没有答应爸爸。

　　现在的房价越涨越高，而我却只有望洋兴叹的份。作为平民百姓，没有自己的小窝怎么算家庭？我坚决不能让自己在租来的房子里过一辈子，我一定要拥有自己的房子，虽然靠目前每月几千元的工资，买房子的梦想似乎还很遥远，但是，要想到达明天，现在就要启程。要想让别人觉得我的成功毫不费力，自己则要拼命地努力工作。我的理财大计，与老公商讨后，马上开始。

我管钱，你管我

虽然结婚前老公花钱大手大脚，但是结婚后他却像是一个遁入空门的高僧，对那些吃喝玩乐的事不再热衷，除非几个要好的哥们一起偶尔喝个酒、唱个歌，买衣服也开始节俭起来了。

老公告诉我："咱家遵循中国几千年来的大传统，男主外，女主内，我负责挣钱，你负责持家，把后院打理干净哈，老婆。"

对于如此重托，我当然不负厚望，当场抛洒热泪，让老公放一百个心，我一定精打细算，做一个不花一分冤枉钱的家庭主妇。

但是老公并不放心我，因为我以前太爱买衣服，而且我有着天下女子都有的爱好——逛街。我之前的逛街方式极不理智，看到好看的衣服就买，不管衣服质量，特别贵的又不舍得，这样做的后果就是衣柜里塞满了衣服，春秋装、夏装、冬装，柜子里装不下，但是真正出门时，总觉得连件像样的衣服也没有。由于衣服质量都不怎么样，有的穿了一次之后就没法穿第二次了，看着衣服买得不贵，实际上一点也不省钱。老公早已对我这满柜子食之无味、弃之可惜的"鸡肋"深恶痛绝。

老公说："咱家钱虽然归你支配，但是超过500元的大件东西，你一定要和我商量，不能乱花钱，衣服也是，500元以上的衣服，必须过过我的眼，我觉得可以，咱就买，我看着不行，就别买了，我会严格从

一个男士的眼光来考察你的穿衣标准。"

那也好，我一口答应了。

然而，事实证明，败家小主妇的毛病真的不是一朝一夕就可以改变的。

春末夏初的一个晚上，我兴高采烈地拿着新买的几条裙子向老公炫耀："李浩，歌莉娅专卖店今天打折呢，我一口气买了四条，哇，太值了。看看，你老婆生完孩子后一点也没变丑，你看我新买的裙子多合身，多好看。"

老公在看股票，瞥了一眼，说："嗯，一般。"

我还冲着他说："你看看啊，你都不仔细看，以前结婚前我让你看，你都是夸我天生丽质的，现在结婚了真是变了。"

老公似乎有点不高兴，说："翩翩，我跟你说过，虽然你管家，但是咱们都是工薪阶层，没多少钱，你都满柜子裙子了，你还买，你喜欢就买，大街上那么多你喜欢的，你买得完吗？"

本来我买了裙子挺开心，一听他冲着我吼，我不高兴了，冲着他直嚷嚷："我也是女人，爱美有错吗？人家娇娇说了，她男朋友负责挣钱，她负责貌美如花，人家那才叫女人，同为女人，我为什么就那么寒酸？凭什么？凭什么？凭什么？"

这一下，真是把李浩惹怒了："你跟她比，她是什么人，她还破坏人家家庭，心甘情愿给人当小三，别人大老板送她的化妆品都是Dior（迪奥）的，又如何？我早就不想让你和她走得近，现在我不说你，你还敢提她？！"

我满腹委屈，一摔门跑回娘家。

回到家我和我妈哭诉李浩对我的苛刻，还污蔑我的朋友，我朋友虽然爱钱，但每个人都有每个人的活法，人家爱钱也没错啊。

我妈却一点也不站在我这边，首先我妈说我结婚了还乱买衣服就是不对，其次我妈说我根本就不应该把娇娇的话当真理，再次我妈说娇娇这个人是不坏，但是她的做法确实不属于主流行列，我不能向她学，更不能和她比。

几句话说得我哑口无言，只好收拾东西回家认错了。

回到家，我主动向老公赔不是，老公看我认错态度好，主动赦免了我的罪行，我也认识到自己的自控能力有待提高，主动对老公说："老公，以后我管钱，你管我。"

老公自然非常乐意。当晚我们表示，为了携手共创美好家园，约法三章，立下字据，贴在墙上，为了我们的房子，为了我们的车子，说得更长远点，为了老公的奥迪，为了我的迪奥，我们一起奋斗！

钱生钱，投机理财有技巧

老公理财属于保守型，其实我并不太赞同这种观点，我从小学过一首诗，里面有句话，叫做"问渠那得清如许，为有源头活水来"，我觉得挣钱也是一样，保守型理财，辛辛苦苦挣钱很难买套大房子，要想有更多的钱，必须有丰富的理财知识，学会让钱生钱，这也是我进保险公司的一个原因。

自从上次"裙子风波"之后，老公对我的理财观有了怀疑，"我管钱，他管我"的家庭经济理念开始有所动摇。再加上后来他发现把经济大权交给我之后，他在朋友面前似乎也不能像以前那样慷慨大方了，有点失面子，于是他向我提出几点要求。

第一点，改掉乱花钱的毛病。

老公说我太能花钱了，这是大部分小主妇的通病、"月光公主"的德行，他不敢把钱袋子交给我这个败家的小主妇。打铁还需自身硬，我必须逐步改掉自己乱花钱的毛病。

第二点，适当给老公一点零花钱。

管理他的钱袋子宏观上要紧，微观上要松。作为一个男人，呼朋唤友，吃喝一顿的钱都要伸手向老婆要，在朋友面前会很没面子。所以要用一点小钱把他的钱包塞得鼓鼓的。但是，重要的大笔资金，都在我的掌控之中。

第三点，婆家娘家都要顾，不可偏袒。

重情义的老公最怕被人戳着脊梁骨骂"娶了老婆忘了娘"，我爱老公还得连带爱公婆，爱他的家人。千万不能认为公婆没有养我，跟我没关系。关系可大了，要是打点好了公婆，老公后顾无忧，自然不会把钱袋子捂得那么紧。幸好李浩的爸妈和家人很好相处，我没有花太多精力就和公婆相处得如同亲生父母和女儿一般，回家探望，也没有什么金钱方面的计较，李浩孝敬爸妈也不用偷偷摸摸，也就无所谓要不要私房钱了。

我和李浩的结合，是激进和保守对冲，李浩重储蓄、轻流通，属于投资保守型，节俭持家，投资以储蓄为主，婚前大部分资产都躺在银行睡大觉。而我重流通、轻储蓄，属于投资激进型，投资狂热，恨不得除生活消费之外的收入100%都进行投资，而对节约毫不在意。

我开始给老公洗脑：省是省不出百万富翁的，人生短短几十年，在于过程，而不是结果，因为结果每个人都是一样——都要到上帝那儿去报到的；要学会享受人生，办法就是学会花钱。但是老公在没有看到我投机挣到钱之前，还是不认同我的说法，认为钱存在银行里才踏实，投机风险太大，我们的钱来得不容易，不能被那些大商家"大鱼吃小鱼，小鱼吃虾米"一样吞并掉。

我一定会把省钱的习惯贯穿到生活中去。

一天，我出来和好姐妹嘉惠逛街，我向她抱怨结婚后的不自由，老公和我价值观的不一致。后来逛了一天，两个人累了，就在必胜客坐了会，准备喝个下午茶。

因为是周五，下午人并不多，我一眼瞥见必胜客学生优惠的醒目广告，不禁唏嘘："真是老了啊，当学生时没有好好利用，真是亏大了，要不然那时候拿着学生证可以省下来多少钱啊！"

　　嘉惠说："没关系，我们还不到30岁呢，现在冒充学生估计还来得及。"

　　我忽然想起来，我N年前考六级的准考证还在钱包的里层，因为当年考试完是要用准考证查分的，所以考试完准考证我没有扔掉，放在了钱包的里层，也亏我这么多年这么节俭，衣服、包包换了不少，但是我的钱包依旧是原来那个黑色的钱包。

　　这是因为我是个有点小迷信的人，我听别人说黑色的钱包最守财，红色的最破财，黄色或者米色的一般，我当年特意把我新买的红色高仿LV钱包收起来，在学校附近买了个黑色米奇钱包，一用就是七八年，因此我的六级准考证才有幸保存至今。

　　我像发现了新大陆一样，和嘉惠说："我还有这个证呢，说不定也可以打八折呢。"

　　嘉惠拿过去一看，笑了，说："亲爱的，你一定是想省钱想疯了，你这还是2005年的准考证，你自己留着做纪念就行了，想下午茶打八折还是别想了。"

　　没办法，我眼睁睁地看着邻座的小姑娘麻利地掏出学生证，享受八折的下午茶，而自己只能乖乖付了全价。

　　没办法，谁让自己已经不再是学生呢，青春一去不返，现在的我已经是国家的顶梁柱，马上就要进入而立之年了。

　　既然上天赋予我顶梁柱的使命，那么，为了家庭、为了老公、为了爸妈、为了公婆、为了孩子，我要努力挣钱。

第6章
钱也能掰开

　　自从和老公结婚以后，我真的是收敛了很多，以前自己的脾气暴躁，遇到不顺心的事情就抱怨他人。可是随着时光的推移，我这个80后也逐渐摆脱了单纯和幼稚，变得日益成熟起来，我日渐感觉到，结婚后的自己再也不像以前那样，有什么事想着自己就好，其他人根本无须顾虑。

　　但现在我是一个男人的妻子，是一个孩子的母亲，我不做饭，我的男人和孩子就要饿着，如果做家庭主妇是一项工作的话，我一旦罢工，那么有两个人的生活会一下子就变得无比慌乱，因此我是无法罢工的，停工也不行。说得苦一点，我就像是被上紧了的发条，一点点旋转；说得甜一点，我的幸福就来源于他们，我爱他们，我不会让他们的生活有任何的不愉快。

民以食为天，如何吃得好而又不浪费

柴米油盐酱醋茶，家庭生活必备，这些按道理来说是无法节省的，尤其是小孩子，长身体的时候营养绝对不能缺。虽然在吃喝上不可以克扣，但是不代表可以海吃海喝，尽情地把金钱花在吃喝上。

说到吃，我不得不感谢我的婆婆。婆婆对我很好，前面已经说过，在我坐月子时给我炖各种汤，家里从不缺桂圆、红枣、核桃这类补品，而且婆婆听老公说纽崔莱的蛋白粉对女性好，就特意给我买来喝，我挺感动的。

回到郑州后，消费明显比在山东老家高了，而且婆婆对这里人生地不熟，根本不知道哪里的东西优惠，哪里的菜新鲜又实惠，而我们的孩子也越来越大，也不能总在家呆着，我有时候也要出来走走，出门买个菜，和街坊聊聊。

其实，如果家里有个深谙养生之道的家庭主妇，可以深深影响所有家庭成员的身心健康。懂得什么和什么搭配最营养，什么和什么搭配会产生毒素，这些只是常识而已，但是很多人却不知道。当然，我作为一个不怎么下厨的小主妇，初为人妇，初为人母，算不上一个对养生知识深谙的人。

但是，我有一个很好的习惯，就是爱看书，所以，我可以学习。

　　我还有一个更好的习惯就是喜欢记笔记，从小养成的，看到好的句子和名言警句，总喜欢记下来，如今，名言警句记得不多了，记菜谱可是慢慢增加了。

　　我爱我的老公，更爱我的孩子，我一定不可以让他们吃得不好。

　　但是，我家并不是大富之家，也不是钻石豪门，我就是一个简简单单、再普通不过的小主妇。所以，我要精打细算地过日子。

　　首先我去熟悉我家旁边的菜市场，我当时租房子时就已经关注这些了，人是离不开吃的，而且结婚后不比结婚前，两个人不能总下馆子吃喝，所以菜市场就好像我家的锅灶台，每天必须见上几面。

　　我家附近共有三个菜市场，西面的最近而且最大，东面和北面的稍小些，里面的菜贵点。在观察了几次之后，我决定以后经常来西面这个菜市场买菜，一是这边的菜市场相比来说大一点，可挑选的余地多；二是这边的菜贩多，竞争大，因此菜比较新鲜，烂菜坏菜根本没人要；三是这边的菜相对那两个菜市场要便宜一点。

　　选好菜后，就是做饭了，老公孩子都是男子汉，鸡鸭鱼肉是少不了的，虽然我们现在生活比较清贫，但是托共产党的福，我们也算是跟跟跄跄地奔入了小康之门，最起码温饱问题已经解决了，也许对恩格尔系数相对发达国家的市民来说，还有点高，但是致富也不是一朝一夕的事情，一切都要慢慢来。

　　我喜欢吃猪蹄，因此，我家附近的卤肉店，我就是常客了。传说吃猪蹄可以美容，因为里面含有大量的胶原蛋白，吃了皮肤好，这话没错，总之我虽已为人妇，但现在出去冒充二十三四岁的女孩还是说得过去的。

　　再说这卤肉店，因为我是常客，那个漂亮的女老板在我每次购买猪蹄时都会给我一个积分卡，积够十张卡我就可以免费换一个猪蹄。而且因为脸熟，后来老板经常给我优惠，那些零头什么的总是略掉，这让

　　我心里很暖，不仅仅是因为那几角钱，而是觉得人家愿意为你这样，就是心底深处的接纳。

　　其他的也是这样，我喜欢善意待人，我买东西喜欢和别人多说几句，别人也觉得我和蔼可亲，我经常说自己走的是"亲民路线"，老公时常嘲笑我说，又不是什么达官显贵，本来就是民，不亲民也不行啊。

　　总之，一个人在一个地方住的时间久了，连这个院子的空气，你都会觉得熟悉得倍感亲切。

　　我买其他东西也是如此，经常换取购物卡，然后累计积分，每到年底时，我都可以换回一些卫生纸、洗衣液或者其他家居用品。

小主妇穿衣经，衣服要买精而非多

当一个男人对别人说没衣服穿时，他的意思是：没有干净的衣服穿了。

当一个女人对别人说没衣服穿时，她的意思是：没有新衣服穿了。

女人的衣柜里永远缺少一件称心如意的衣服，多少次，那件如果在商场里不买的话，觉得自己就会死的衣服，买回来后却发现，也不过如此。

没结婚时我超喜欢逛街，没事就跑到二七那边的商场逛，不愿错过每个折扣期。

结婚后买衣服的欲望有所下降，但是一旦被姐妹们引诱的话，随时都有复燃的可能。

买衣服里藏有大学问，谁不想自己花最少的钱买到最好的衣服？

什么是最好？就是质量好、款式好、适合自己。

有人说，如果一个女人看到一件自己非常喜欢的衣服却放弃，那么只有两种可能性，一个原因是价格，另一个原因是女人太胖或太瘦，实在穿不了。

此话不假。

我之前不光喜欢折扣店，我还喜欢地摊和夜市。

健康路夜市我常去，后来发现，柜子里一大堆垃圾一样的衣服，堆放如小山，但是每当出门时却没一件像样的、可以穿出门的正规款。

作为一个经常买衣服的女人，这样的结果告诉我，真是失败。

后来开始有淘宝网，逛街不用出门，真是太好了！简直应该给创始人颁发个诺贝尔消费奖。淘宝网使千万个家庭主妇受益，也成就了无数个宅男宅女，更是让快递行业的发展如日中天。

我爱淘宝网，但是结婚后的衣服就不能像以前那样看到就买了。

有时间的话，周末我还是喜欢和姐妹们去商场逛的，逛街时如果发现自己喜欢的衣服，我就会默默地在试衣间里把衣服的货号拍下来，休息的时候用手机上淘宝网查一下价钱，然后就按淘宝网上的价格砍价。如果老板同意卖的话，那最好了，省得回家在淘宝网上买了；如果老板不同意，那就回家在淘宝网上接着逛。

当然，这种砍价的方法在专卖店里是行不通的，只能试穿好衣服的尺码，回家在淘宝网上拍下来了。

然而，在大上海负一层那些小店里，有着众多来自不同品牌的外单衣服，那里的老板信口胡乱开价，一件小上衣能要到七八百元，而在淘宝网上明明100多元就能买到，如果不货比三家，真是被坑死。

不过做生意也有做生意的难处，毕竟那里的租金很贵，一个很小的店面每月都要2万元，隔行如隔山，那就让那些乱要价的卖家去坑那些真正有钱的主好了，而我还是怎么省钱怎么来。

买包更是要注意了。男人看表，女人看包，特别是工薪一族，绝不能挎个地摊上30元一个的包包，万一走着走着带子断了，那岂不是糗大了？

因此我把买包的价钱一般锁定在200~500元之间。一个真皮的包，可以用上两三年，质量也不会有任何问题；而地摊上的包看着便

宜，但坏得快，一年下来还要买好几个，并不省钱。

买包尽量买那种春夏秋冬皆适宜的包，有些包上会带点毛毛，冬天看着很时尚，但是一旦过了冬天，那个包只能陈列起来了，而且到了明年的冬天，大多不愿意再把它拿出来用了，就像是吃过的饭菜，中间停了一下，再吃时就觉得没有原先的味道了，只好扔掉了。

包就是这样，一直用下去，没觉得多破多旧，但是一旦停下来，就会不想再用，明年又会想买新的。

谈完衣服和包包，还有一个女人生活必需的，就是化妆品了。

千万别小看化妆品，这在女人生活中可不是一笔小数目开销。

随着岁月的流逝，各种肤质问题接二连三地袭来，毛孔粗大、皮肤干燥缺水、眼角纹开始出现、斑点开始增多，这些是女人想躲都躲不开的。化妆品虽然不能让你回到18岁，但是它真的可以延缓这些问题到来的速度。

女人过了25岁，化妆台上的保湿面贴膜必不可少，眼霜、精华、妆前乳、美容液、按摩膏这些越来越多堆积到化妆台，逐渐地发现，爽肤水和乳液这些最基本的护肤已经对皮肤起不到维护的作用了。

想起当年高一时，第一次住校，才用6元钱一瓶的索芙特洗面奶，涂1元一袋的美加净，觉得香香的，皮肤真好，又细嫩又香，然而现在，6元的洗面奶？60元都觉得效果太一般了。

化妆品不能一直用一种，必须换着用，一瓶很好用的粉底液，用完一瓶之后，再用第二瓶时，效果往往不如第一瓶。所以即便我用着再好的化妆品，用完后我还是会尝试新的种类。

想找到适合自己的？好办，买之前一定要先用一下试用装。

这个可以和姐妹们互相交流心得，偶尔还可以用用她的，尝试下是否适合自己，不然自己花了300元，买回去后，却发现自己一用后满脸痘痘就惨了。

　　买化妆品还是别去淘宝网了，乖乖去商场吧，淘宝网毕竟不是实体店，万一买到假货，没人负责的，只能自认倒霉，这么赔本的事情还是别做了，宁愿买专柜的原价也不愿买一瓶假货，用得满脸痘痘。

第7章

钱一定要存在银行吗?

　　谈完生活中如何省钱，接下来要谈谈省下来的钱怎么存了。根据我国公民一向保守的理念，大部分人都会把钱乖乖地存在银行，风险小，可以随时拿出来用，而且还有利息，虽然现在的利息很低，但是自己就算放在枕头里也没有放在银行安全。

理财是为明天可以过得更好

　　我常常告诉自己,一个人为了实现自己的生活目标而管理自己财务资源的过程,应该就是理财。然而,养老却是一个人最重要的生活目标。别人常说,笑到最后的人才是胜利的人,做人应该也是一样,一个人晚年的幸福才是真正的幸福,但是要实现晚年的幸福就必须在年轻的时候积累足够多的钱,等30年后自己年老体弱,没有年轻人健康的体魄,如果再没有积蓄,那么用什么来养活自己呢?

　　现在我还不到30岁,但是我不会永远这么年轻,永远这么能干,"养儿防老"在目前激烈的社会竞争下,已经显得十分不靠谱,看着自己的孩子长大后,面临买房、买车的压力,他们不"啃老"已经很好了。因此,古人说得好,"人无远虑必有近忧",在年轻的时候就应该把眼光放得长远些,考虑以后该怎么办。

　　等到我过了35岁,我的事业会慢慢地走上正轨,老公的工资也会越来越高,30~50岁是事业拼搏的黄金期,但是过了50岁以后身体就会慢慢走下坡路,所以还是提前做好打算的好。

　　到底如何为自己的明天存储财富呢?在我们保险公司里,常常会播放关于刘彦斌先生的讲座。刘彦斌先生对理财有很深的研究,而且他的讲座诙谐幽默,又具有现实意义。在一次讲座中,我把刘彦斌先生关

于理财的一小段记录了下来，我觉得刘彦斌先生说的真的是很有道理。

以下是刘彦斌先生在讲座中对理财的五点规划：

第一，对于理财我们想到的就是银行，银行是财富最好的住所，因为存在银行的钱不会损失本金，还会带来收益。为自己存储养老金可以在银行用长期储蓄的方法。我在储蓄过程中总结了一种阶梯储蓄法，如果自己有5万元，想进行长期储蓄，但是又担心有急用，可以这样做：用1万元开设一张1年期存单，用1万元开设1张2年期存单，用1万元开设1张3年期存单，用1万元开设1张5年期存单。1年后，用到期的1万元开设1张5年期存单，以后每年如此，这样4年后手中的存单全部为5年期的，每张存单到期年限相差一年，这样做既可以保持储蓄的流动性，又可以获得5年期的高利息。

第二，我们想到的是储蓄型的商业保险。谁说钱一定要放在银行？存在保险里依然是自己的钱，其中年金保险是一种最主要的方法。年金保险是指在被保险人生存期间，保险人按照保险合同约定的金额、方式，在保险合同约定的期限内，有规律地、定期地向被保险人给付保险金的保险。年金保险实质上就是长期储蓄，年金保险多用来养老，也成为养老金保险。

第三，社会养老保险。社会养老保险是政府推出的保险制度，人人都可以参与，人人也都应该参与，基本上大家的单位都有这种社会养老保险，社会养老保险也是个人存储养老金的重要方式。

第四，股票和基金。股票和基金是最大众化的长期投资工具，也是投资增值最大的投资方式，非常适合储备个人养老金，中年人尤其应该加大投资股票和基金的力度，为了晚年的生活积累财富。

第五，房地产。房地产是抵御通货膨胀的良好手段，也是储备养老金的重要手段，但是由于房地产投资需要的资金比较大，因此房地产投资需要有一定的商业头脑，而且是胆子较大的人士，可以承受巨大经济压力去贷款的人。如果自己较富裕的话，也可以用自己的资金去炒房地产，但是存在的风险系数也较高。

刘先生的讲座惊醒了对生活没有规划、对未来没有打算的我，他总结的这几种为自己以后储备金钱的方法，我深感佩服。每个人理财都是为了自己的将来能够有一个幸福祥和的人生，我希望等到晚年时，自己可以和爱人在希腊的爱琴海边共看夕阳，而不是在老年颤巍巍时，还要辛苦挣钱，看子女脸色。两种不同的生活方式简直是天壤之别，为了老年时爱琴海边的自己，真是需要好好理财，规划未来。

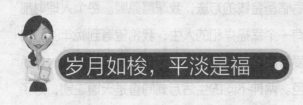
岁月如梭，平淡是福

　　人一长大后，不知为何，总觉得时间过得很快，在我印象中，高中之前，感觉时间真是慢，每天都是上学、放学、回家吃饭。特别是小时候，6年的小学生活，感觉当时的自己好像这辈子也上不完学了一样，当时只是觉得也许人就是为上学而活的，上学就是人一生的全部，那时候自己唯一的梦想就是下课时间长一点，上课时间短一点。

　　上完高中后，就开始觉得时间似乎过得更快了，大学四年，瞬间就过完了，毕业的时候感觉来大学报到似乎是昨天的事情。大学学到的东西并不多，英语水平和入学相比不但没有任何进步，甚至有些后退，但是穿衣打扮却有了很大的不同。再然后就是毕业后，甚至觉得时间开始仓促了，刚毕业时觉得结婚生子还很遥远，但是毕业后的两年内却相继听到朋友结婚的喜讯，直到有一天，打开QQ和人人网，充斥的都是不同人的婚纱照。

　　我记得我读大四的时候，一位关系很不错的姐妹还和我说："也许我这辈子就是尼姑命了，都快毕业了真命天子还没找到我。"我可以保证，在大四的时候，说类似话的女孩绝对不止一两个。

　　然而，往往让人意想不到的是，越是这种感情生活单纯的女孩子，毕业后结婚的速度越是让人咋舌。

钱一定要存在银行吗？

当我的手机短信也开始收到越来越多的结婚喜讯时，我发现，曾经那些自认为自己永远也嫁不出去的姐妹们，真的很快找到了自己的幸福，为她们感到幸福，为她们开心。

记得有年十一假期，我就连续赶了四场婚礼，而且还有两场因为路途太远没去。

参加姐妹婚礼和自己的想象有些差别，因为每次婚礼现场我都会忍不住想哭，特别是司仪在煽情地说一些"感谢父母养育之恩"诸如此类的话时，我看到台下泣不成声的，不止我一个。

有次一个姐妹在婚礼上泪流满面地对大家说："曾经，我以为那个人不会再出现，甚至有好几次，我认错了人，我把其他人当成了我生命中的他，我的真命天子终于在我对感情彻底绝望时出现了，他出现得这么晚，但也这么合适，我们一路走来不容易，我一定会好好爱他……"

对一个女人来说，婚姻和家庭是全部。事业的如何成功都替代不了家庭在女人一生中所占的分量。我看过太多个女强人深夜独自哀伤的事例，在她们坚强的外表下，也不过是一个普通小女人的细腻情怀。

事业的成功替代不了家庭的幸福，婚姻和事业好像是一个天平，哪边太重或者太轻了都不行，但是也不能两边都不放任何砝码，那样的空白人生也是没有任何意义的。

人们常说职场精英大多是男士，女士也有，但却凤毛麟角。

也许，像我们这样的平民百姓，没有当女强人的气魄，也没有做女强人的智慧，那么我们就管好自家的老公，自家的一亩三分地，在平淡中品味自己的幸福好了。

似梦非梦的一天

　　我的生活依然有条不紊地继续着，每天早上醒来，看到儿子可爱的脸庞，看着老公起床去洗漱，然后去上班，我觉得这也许就是生活吧。

　　我依然会在周末和好姐妹去逛逛街，吃吃饭，有时候吃完晚饭和老公儿子去散散步。

　　虽然我对理财有了一定的意识，但是因为我和老公挣得不多，所以我们的积蓄也不多，我们也曾想过以后可以挣更多的钱让儿子去国外留学，但是挣钱需要机会，一切只能慢慢来，不能因为以后的安逸而苦了现在的自己。

　　有天早上，我从睡梦中醒来，没有看到儿子在我身边，也没有看到老公，隐隐感觉有些不对劲，但是又说不出来哪里不对劲。

　　我坐起来穿衣，然后准备去洗漱，当我走进卫生间的时候，瞥了一眼镜中的自己，一下子吓得忍不住大叫起来。

　　天哪，那是我吗？我明明还不到30岁，可是镜子里的我看起来像个60岁的老太婆，我赶快检查其他东西，发现卫生间里的装置也和我昨天的不一样，而且我看到我的双手也是皱巴巴的，头发还有很多白发，天哪？这究竟是怎么了？

我大声叫着老公的名字，老公从厨房走出来，我不禁大吃一惊，天哪，眼前这个瘦弱的老头怎么会是我的老公？

"怎么了，老太婆？"

"啊？你是谁啊？你怎么来我家的？"

老公看了我一眼，漫不经心地说："怎么了你，这么大声，我以为见鬼了呢！莫名其妙！"

从声音我才辨出这就是李浩的声音，可是为什么都成了这个样子？

我抓住老公就问："老公，你告诉我，到底怎么回事？儿子去哪里了？昨天我们还在公园散步呢，怎么一觉醒来成这样了？"

老公摸了摸我的额头，说："没发烧吧，说什么胡话呢。"

我急得都快哭了，求老公告诉我这究竟怎么了。

老公看给我解释不清，说："搞得跟自己失忆了一样，你今年65岁了，我已经67岁了，咱儿子早就和咱分开住了，而且你孙子都已经10岁了。"

啊？天哪，怎么弄成这样。

我再次跑到镜子前，告诉自己说，这不是真的，这肯定是在做梦，我拼命地招了一下自己的大腿，天啊，没有疼痛的感觉。这是在做梦，我告诉自己说，这一定是在做梦，但是为什么又感觉这么真实？

我忽然想起我去年看的电影《盗梦空间》，莱昂纳多曾说过，要想回到现实，必须在梦中死去，或者从高空处坠下，那么，那么，我就跳楼自杀吧。

自杀前，我想了解一下我这65岁的生活状况，我环顾一下四周，遗憾地发现，我老年的生活真是凄惨，我家看起来只有50多平方米，而且墙壁开始脱皮了，我身上的衣服看起来质量很差，而且我竟然没有化妆品！

　　这时候，老公说他吃完了早饭，要去上班，让我赶快去吃，别等凉了还要再热过才能吃。

　　啊？67岁了还上班？老公没有退休吗？

　　"老太太，我真不知道你今天究竟怎么了？我现在就在隔壁小区看大门，每个月1000多元，你在那里打扫卫生，和我工资差不多，怎么连自己干什么都不记得了？"老公惊讶地和我说。

　　"对了，你别忘了，你负责的是1号的7~13楼，跟老年痴呆了一样，真是的。"

　　老公临出门前特意嘱咐我一句，后来思考了一下，又说："要是今天太累，你就别去了，我给你请个假，你在家休息吧。"

　　"好，我不去了，你帮我捎个假。"我一听这句话，有点解脱，就赶快答应了。

梦中的"指引者"

　　我等老公走了之后，就下决心要赶快回到现实中去，这里不是我呆的地方，这不是真的，我一定要赶紧回去，我那个年轻的老公还在等着我，还有我儿子，他还那么小，醒来看不到妈妈肯定会哭死的。

　　我赶紧找到一个离家最近的高楼，17层，我坐电梯到顶层，看到周围没有人，心里暗想："太好了，这个老年世界的人不要来纠缠我，不要阻挡我回去。"

　　我低头的那一瞬间，看到楼下蚂蚁一样的人，火柴盒一样的小汽车，我心里一慌，天哪，这到底是不是梦啊？如果不是梦，我这，可是在自杀啊。

　　我那老头子怎么办呢？

　　不过脑子里立刻又蹦出另一种想法，这是梦，刚才掐大腿，腿还不疼。再掐一下，我又狠狠地掐了一下自己的大腿，还是不痛，我窃喜，是梦。

　　不过此刻忽然又想起一件事，万一，我这岁数了，会不会是我对疼痛的感觉已经麻木了呢？这三十多年，我根本不知道发生了什么事，我这样盲目去跳楼，万一回不到现在，却没有了生命怎么办呢？

　　我正在犹豫不决时，忽然听到一个声音："翩翩、翩翩。"

　　我回头一看，看到一个鹤发童颜的老太太，正慢慢向我走来，我对这位老太太说不出什么感觉，好像在哪里见过，但是又想起来到底在哪里见过，隐约地觉得此人非同常人。

　　"您是？"我有点疑惑地看着她。

　　"我是您的财富精灵，你现在的一切疑问我都可以帮你解答，包括你为什么忽然一夜之间变成65岁，为什么变成今天这个样子。"

　　"您说的这两个问题正是我最想问的，请您告诉我，为什么会这样？"

　　"好，让我来慢慢回答你。"

　　老太太拿出一个像平板电脑一样的东西，用手抹了一下，上面立刻出现此时的日历和时间，目前竟然是2049年6月1日。"其实你是直接跳入了2049年这个时空，所以你才不知道究竟发生了什么事，换句简单的话说，你——穿——越——了。"

　　啊？啊？啊？我穿越了？

　　我在看电视剧时曾经无数次想象过自己像《宫锁心玉》中的晴川一样，或者像《步步惊心》中的若曦一样穿越到大清朝，成为一个宫女或者格格，甚至成为民间女子也行，我甚至想象过无数穿越的场景，比如坐着电梯忽然下坠到大清国，或者正在大街上走着路，忽然一场龙卷风把我带到雍正身边，或者是……

　　但是，我万万没有想到，我在家安稳地睡着觉，竟然能穿越，而且我的穿越非常的不浪漫，竟然到了自己的65岁。

　　"那我为什么会变成现在的样子，这三十多年里究竟发生了什么事？"

　　"本来你在保险公司做得挺好，你自小就有交际天赋，业务量也是迅速增多，你工作一年后，就固定有50个客户，保单也是越来越大，所以，在进入保险公司的第二年，你每个月已经有一万元的收入。"

"那我老公呢？他难道没有工作了吗？"

"不，"老人摇摇头，"恰恰相反，你老公在35岁时时来运转，事业十分顺利，你们在40岁左右的生活非常安逸，而且你们买了房子后，又购置了30多万元的汽车。"

"那，可是，我们为什么又成了现在的样子？"

"你来看。"老人又在平板电脑上点击了一下，我看到我40岁时的样子，我看起来穿得像个贵妇，和其他姐妹们一起去美容院，和其他姐妹们谈笑风生，看起来十分惬意，而且我这人生来爱面子，喜欢花钱笼络人心，我当时还替其他姐妹们付了钱，那时候的自己真是挥霍无度。

接下来，我看到我和其他的朋友们坐着飞机去香港购物，大肆扫货，花钱都是刷卡，个个满载而归。

我看到这些，更加想不通，当年的自己那么潇洒，怎么会沦落到今时今日这般田地？

老人说："家就像是一个碗，你收入再多，如果下面有个洞，你就永远存不住钱，到最后只能是穷困潦倒。"

我有点明白了。

"后来，你给你的孩子报了很贵的英语补习班，你花钱的方式也越来越不理智，古话说'由俭入奢易，由奢入俭难'，你和老公后来再也没办法遏制花钱的速度，直到最后你老公的事业出现了问题，也就是在你们50多岁的时候，你们的事业开始走下坡路，主要的原因就是你们的年龄越来越大，工作越来越吃力，后来你的事业开始不顺利，薪水也大幅度缩水，你的身体状况也越来越差，最后你不得不提前离职。"

"天哪，我为公司辛辛苦苦工作了几十年，没有功劳也有苦劳，难道公司就不能特殊照顾一下老员工吗？"

"翩翩姑娘，你也是接受过高等教育的新时代女性，你也知道现代社会的竞争压力有多大，公司招聘新员工，是为了给公司带来利润的，公司老总不是你的父母，他们以利润为主，不会处处为你考虑的，每个人在不同的年龄段都要面临不同的问题，你也是一样，不要想着自己年轻时能吃苦能赚钱，老了也会这样，人是会老的，这是人生的必经阶段。"

"那我该怎么办呢？我从来都没有想过这些呢。"我听着老人的话，觉得自己的50岁真是太凄凉了。

"你更没想到、更可怕的事是发生在50岁以后。老年失业，经济窘迫，人活着，钱没了，那才是人生最痛苦的事情。你看，你离职以后，经济来源一下子降入谷底，而消费习惯却难以改变，所以你的生活大不如以前。"

我紧张得都快哭出来了："老人家，那您告诉我，我该怎么办呢？我最害怕过没钱的日子，人穷的时候，连自己的亲人都会看不起你的，我读了那么多书，真的不想老年过得凄苦啊。"

"你也不要太悲观，其实人这一生起起伏伏，很难一帆风顺的。如果人生过于顺利，对于一个人来说，并不是什么好事，年轻时吃苦，是正常的，30岁之前的富足是你的父母赐予你的，而30岁以后的富足则是要靠自己创造的。你和上一辈人聊天，你就会知道在他们年轻的时候吃的苦是你难以想象的，你看你的父亲，他从一无所有到后来的成就。所以没钱的日子也是可以过的，当然你可以努力，让自己过得更加幸福安康。"

我想起以前爸爸经常给我讲他小时候，在1962年，爸爸经常饿得上顿不接下顿，爸爸一说起来就感叹："你们永远都不会想象到当时的生活环境多恶劣，就差没要饭了。你们这代人，其实没受过什么苦的，你们出生在80年代后，那时候整个国家经济环境已经好起来了，我们十几岁时都没穿过新衣服，当年和你妈妈去看个电影，那时候电影票很便宜的，才几毛钱，当时的我还要借别人的衣服穿，自己没一件像样的衣服，哪像你们现在，动不动就到专卖店去血拼。"

其实爸爸之前还给我说过很多关于以前的苦日子的事，但是我很难感同身受。现在的自己看到一件衣服买不起就觉得自己生活太凄惨，但是那个时候的家长们在那么残酷的生存环境下，不也是一路走过来了吗？

不过人和人都是有比较心理的，那时候国家普遍贫穷，现在的人们温饱早已不是问题，如果自己和身边的其他人比，在自己生活的圈子里过得不好的话，那就是比较失败了。

这时我想到自己曾经看到的一个笑话。

一个天使来到凡间，对一个男人，天使可以赐给他一件他想要的东西，但是前提是这个男人拥有这个东西的同时，他的邻居就会有两样这种东西。这个男人想：让天使给他一辆跑车，但转念一想，那么他的邻居就会有两辆跑车；让天使给他很多的金子，那么他的邻居就会有双倍的金子。后来这个男人思考了半天，咬咬牙说："那么请您把我的胳膊砍掉一条吧。"

这个笑话似乎有点冷，但是也由此可以看出人与人的比较心理。如果在我65岁的时候，我身边的朋友一个个都很幸福，而且家庭美满，生活和谐，只有我过得这么悲惨，那么我怎么好意思去找她们？想到家庭，我忽然想到我的儿子，由于我年轻时没有好好规划未来，那么势必影响到我的儿子，我不禁问老人："老人家，我儿子呢？我儿子怎么样了？"

老人在平板电脑上点了一下，我看到了我的儿子。"这是你50岁时，你儿子24岁的场景。"我看到我儿子刚刚大学毕业，这时候由于我的经济条件开始出现困境，儿子毕业后的生活也很苦，他到处去找工

作，忍受老总的白眼，拿着微薄的工资，还要省吃俭用，为以后的房子储蓄。看着儿子每天早上只能吃馒头喝稀饭，那么大个人，那点饭根本吃不饱，儿子看起来又黑又瘦，我真是心疼极了，我一直告诉自己要好好奋斗，我一定不能让儿子吃苦，但是我似乎什么也没做到，我这个妈妈真是太不称职了。

"翩翩，其实对于一个男孩子来说，年轻时吃点苦并不算什么，但是如果你当时好好规划了未来，你有资金给孩子买房子，你儿子就可以避免这段为房子吃苦的日子，那么兴许他就可以年纪轻轻专注自己的事业，就会走得更高更远。"

老人的一段话说得我泪流满面："老人家，您告诉我，我现在65岁了，还能有什么改变吗？我能不能回去？让我回到28岁好吗？我一定会作出改变。"

"已经如此，人生没有假如。"

我想了一下，既然到了这个年纪，我还是弄明白我28~65岁之间的变故为好。

于是我问："我能不能看看我50岁离职以后都干了些什么？"

"离职以后你很快感觉到了生活的危机，于是你不得不重新找工作，让你的亲朋好友帮你介绍工作，但是那时候你的年龄已经不小了，社会上刚毕业的大学生到处都是，更何况你是一位50多岁的老人，所以你找了很久，才找到一份保洁员的工作。"

天哪，我辛辛苦苦读了那么多年书，到头来我只能去干个保洁！虽然三百六十行，行行出状元，但是我人生前20多年读的书岂不是都荒废了？

"翩翩，你上学的时候老师就跟你说过，学习如逆水行舟，不进则退，你读的书到你50多岁时，由于你多年从事同一职业，其他的知识慢慢地都退化忘掉了，而你身边的朋友在三四十岁时还都努力考了一些证书，但是你老是觉得这些证书没什么用，你就没有去考。来，我让你看看。"

我看到40多岁的自己，打扮得依旧很光鲜，朋友嘉惠告诉我，她要考一个理财师的资格证，我还说她："考这个有什么用啊？我们都这把年纪了，难不成以后还去银行做个理财分析师吗？"

但是嘉惠并没有听我的话，她还是自己去考了一个。

我的大学同学靖雯来找我，我问她最近忙什么，她说现在社会竞争激烈，虽然她在银行工作，负责银行信贷管理这块，但是给自己充电还是少不了的，所以她想考一个注册会计师证。我早就听说注册会计师非常难考，我在大学时有个朋友就是学会计的，当时就是5年内要考过7门，其中有1门不过，之后就要重新考，但是一旦考过就等于有了铁饭碗，待遇非常好。

"靖雯，那个可不好考啊。"

"是啊，但是不试试怎么知道自己不能成功呢？"

我真是挺佩服这群姐们的勇气的，但是自己什么也没有考。

现在想想如果我当时跟着嘉惠或者靖雯去参加了这些考试，那么我老年之后也不会沦落到要去打扫卫生这么辛苦啊。

我的精神有点恍惚了，我觉得现在的境况都是自己一手造成的，年轻时不为老年打算，过上好日子就开始不思进取。老年之后，身边的朋友逐渐减少，怪不得我早上醒来后翻看自己的电话通讯录里的名单寥寥无几，别人不是嫌贫爱富，但是生活阶级的巨大差距，让我慢慢地远离了这些人，朋友和朋友之间，甚至亲人和亲人之间，有那么一句话："救急不救穷。"如果我临时有什么事，别人兴许可以借我钱，解我燃眉之急。但是我的生活就是这样贫困，那么谁也不会天天来接济我。

"老人家，谢谢你让我知道这么多，但是我现在还能做点什么呢？我年龄大了，什么也不会，我真的是对生活没有一点念想了。"

　　"翩翩，我给你讲一个传奇人物吧，这不是虚构，这是确实存在的。我大致给你讲一下她的传奇经历：她十几岁经历了逼婚、逃婚，一个人跑到大上海，自己开始创业，人生地不熟，没有朋友没有亲人，从在饭馆给人打工，到后来自己开餐馆，后来发展到开连锁店，40多岁时已成为大上海的一位千万富姐。然而，她从小没读过什么书，不懂法律，再后来因为投机倒把而银铛入狱，当时宣判是死刑，剥夺政治权利终身。入狱期间，家庭遭遇巨大变故，丈夫另娶家中小保姆，女儿因为接受不了母亲的判决而自杀。她听说自己的女儿自杀后几乎彻底绝望了，希望在监狱中了结自己的性命，但是监狱里的人劝服了她，人生只要有念想，什么时候起步都不会太晚。她活了下来，好好服刑，后来由死刑改为终身监禁，之后又减刑，改为十几年，最后她提前出来了。出来的时候她已经50多岁了，国家给她安排了一个勉强可以糊口的工作。她没有放弃，找到原来的朋友一起做生意，不幸又被骗走9万元，但是她还是没有放弃。后来她汲取教训，用聪明的头脑武装自己，从头再来，到70多岁，重新成为一位千万富姐。如今70多岁的她是一家公司的董事长，事业的成功让她浑身上下都散发出一种知性美，她是一个传奇的成功人士。"

　　我听得目瞪口呆，不敢相信老人的话是真的。

　　"我说的都是事实，并不是安慰你，我只是希望你能从这位传奇女士身上学到一种精神，那就是振作。"

　　我现在并不是万念俱灰，其实我还是有希望的。

　　老人微笑着说："当然不晚。中国历史上唯一的女皇帝武则天68岁才登基，你65岁，重新站起来并不算晚。"

　　"那么接下来我该怎么做呢？您能给我指引一条光明大道吗？"

　　"物质的富裕不是一蹴而就的，你要想让别人觉得你成功得毫不费力，你就必须加倍地努力，努力工作，努力攒钱，现在给自己充电依然不晚。"

此时的我很想知道究竟自己用了几年才获得了成功，于是我问老人："我能不能看看我70岁的场景？"

老人说："70岁时，你的境况并不乐观，你来看。"

70岁的我、72岁的老公和44岁的儿子一家住在80平方米的房子里。我和老公将自己的一部分住房资金和大部分积蓄都用在了儿子的结婚上，到了70岁，两个人基本没有积蓄。再加上之后我因为年轻时不注意身体，经常熬夜上网，通宵工作，导致在老年时患上乳腺癌，剩下的住房资金全部花在了手术和化疗费用上，最终我们根本无力再为自己寻觅一处安身之地。

我一看这场景，刚刚燃起来的希望之火瞬间被浇灭了。

"老人家，我明白了，您刚才说的话根本就是在安慰我，我70岁时更糟糕了。"

老人说："你并没有彻底领悟我的意思，你再好好思考一下，年轻的时候你是不是没有积极地给自己上缴养老金？是不是没有任何的风险意识？如果你及时有这些忧患意识，那么你老年时又会是另外一种光景。"

"那么说，这也许并不是我真正的老年生活，我其实还是有另一种老年生活方式的？"

老人微微一笑，说："事在人为，我只能点到为止。"

忽然，老人就不见了。

我四处寻找，再也找不到他，我以为老人自己跳下楼去了，于是俯下身子去看，不小心脚被绊了一下，一头栽了下去。

身边只有呼呼的风声，我大声地呼救，嗓子却好像被卡住了一样，无法呼出声音来……

第8章
难以忘怀的
股海漂泊、艰辛创业

富 老公，白票宩老婆

Fulaogong Fulaopo

　　一觉醒来，我发现自己刚才真是做了个梦，可是现在回想起来，梦中的情境又是这么的真实。那个老人的每一句话都很清晰地出现在我的脑海里，还有我65岁时的情景，我觉得自己好像真的是穿越了一下，而不是简单地做了个梦。不管怎样，回来就好，我看看身边的儿子，睡得依然很香，老公好像已经去做早饭了，看看时间，早上7点30分，今天是周六，不用上班。忽然觉得现在的一切是多么的不容易，我一定要好好珍惜此时的自己、此时的老公和孩子，还有，我要好好理财，我绝不能让那个噩梦成为现实。

朋友教我如何用复利

　　谈到理财，谈到投资，我想到了大学同学靖雯。靖雯大学毕业后就在银行工作，她的天赋就是算账，她能在最短的时间里把十分烦琐的账目整得很有条理，而且不到30岁就有不少资产，一个女孩子在省会城市打拼，分期付款买下一套房子和一辆小排量的比亚迪f0。在我所有的朋友中靖雯是最令我敬重的，她不啃老，不像别的富二代挥金如土；长得很漂亮，可以说是才貌双全，但是她也没有像别的拜金女那样一门心思想嫁入豪门。这些年来，她兢兢业业地工作，用自己的汗水打拼到今天。

　　也许有时候她在大家眼中看起来有些小气，有点吝啬，但是我一点也没有觉得靖雯做得不对，比起大手大脚花钱，到最后穷困潦倒的人，我觉得还是目前稍微节制些比较明智。

　　在一次吃饭时，我和靖雯提到自己做的那个梦，靖雯并没有太过关注那个梦，但是她很有条理地给我讲述了日后理财的方向。

　　"翩翩，假设你在30岁出头时购置了一套大小适中的住宅，接近40岁时积攒了60万元的子女教育费和60万元的退休生活资金，也就是说，在你40岁之前除了拥有一套住宅以外，还准备了120万元的本金。说到这里，就让我们见识一下本金的威力！"

"60万元本金会依据投资收益率和投资期限产生变化，从中我们可以发现本金具有增值的复利效果。这里所说的复利效果不单指本金所产生的利息，还包括利息在内的本金所产生的利息。假设投资回报率为10%，那么你30多岁所积攒的60万元本金到了你50多岁退休时就变成三四百万元，等到70岁时，由于已过30年，金额会变成1000万元。"

"不过才10%的投资回报率，60万元就能在30年后变成1000万元？"

"是啊，你自己也想不到吧？"

"那我们完全不用为后半生而担心了。可是，这种有效的投资方式是不是真的呢？适不适合我呢？我目前没有房子，如果真的有120万元，我的儿子已经长大了，我还要给儿子购置新房，首选肯定是买房子，这怎么会适合我呢？"

"你不要把120万元全部拿去买房子，你可以把自己的房子先换置新房，然后把这120万元分开支配，拿出其中的60万元去付房租，先租一套，再将剩下的60万元拿来投资，虽然短期内房子会住得比较简陋，但30年过后就能获得一大笔钱。还有，不要购买太贵的高级轿车，如果你把购买高级轿车和生活用品的钱节省下来，你知道效果会怎样？"

那一刻，我忽然发现，我眼前的这个靖雯，就是我的财富指引者！

她的分析让我豁然开朗，因为老是困扰着我"那么多钱都跑哪儿去了"的问题终于有了答案。

"如果购买了高级轿车，生活很安逸，所花费掉的60万元虽然能满足你一时的高消费需求，但是却让你丧失掉30年后获得1000万元的机会。相反，如果考虑到了退休生活，并没有拿60万元来购买轿车和其他物品，现在的60万元就等于未来的1000万元。"我做梦也没想过现在花掉60万元会为未来的收入带来17倍的差异。

　　我的脑海里始终围绕着靖雯所展示的复利效果转，由于运用了复利这个工具，靖雯可以将60万元变成1000万元，而如果自己让这个机会白白溜走，那将是多么后悔的一件事。

　　"我总是梦想着自己有钱了可以买一辆大排量的奥迪A6，但是却没想到对于一个小家庭来说，买那样的车根本就是纯消耗品，我可真够奢侈的！"

　　"当然，仅仅靠工资还不够，现在都很流行副业，我可以给你介绍一些基金、股票等理财知识，利用好这些东西，其实还是可以赚点小钱的。"

　　靖雯耐心地给我讲了很多股票和基金的知识，我听得云里雾里，虽然不是太明白，但是也浅显地知道了一些这方面的知识。

股市风云，难以捉摸

　　2007年，股市高涨，很多人在股海里沉沉浮浮。我记得当时我有一位叔叔，和我爸爸谈话时，说在一周时间内，他手中的股票就从3万元变成4万元，当时连我都蠢蠢欲动，若是当时我有闲钱，我一定投身于股市。而且当时的楼市也火得一塌糊涂，遏制不住地上涨，真是让人欢喜让人激动。

　　如今，我有了家，也应该为家庭多谋点工资以外的财富。

　　现在我和老公省吃俭用，总算积攒下2万元。于是我在和老公商量了之后，又咨询了靖雯和其他财务人员，把2万元投于股市中。接下来，果然不负我和老公之期望，我们买的这只股走势良好，我和老公初试牛刀，心里美滋滋的。

　　我和老公都属于见好就收的人，看到赚了一点，于是就马上收手，静观其变。

　　由于淘到一些小钱，我和姐妹们周末又聚在一起吃饭逛街。

　　在逛完街回家时，新买的包包在公交车上竟然被可恶的小偷划了几道，我真是万分心痛，对公交车上的小偷更是深恶痛绝，为什么我要和那些龌龊的小偷们一起坐公交车，为什么我不能有自己的私家车？

　　我忽然就有了想要买车的欲望，要求也不高，对我来说，一辆比亚迪就满足了我对车的所有梦想。有了一辆车，我再也不用每天骑电动车风吹日晒，也不用再和别的蚁族们奋力地挤公交车。每当我和别人挤公交车时，尤其是早上人与人在公交车上摩肩接踵时，我就觉得自己根本不是在生活，而是被生活无情地强奸着。

买车的念头一旦出现，就再也无法消去。

于是我和老公商量："以后儿子越长越大，三岁以后要上幼儿园，不能让咱家的花骨朵被风雨摧残了，要开车接送他上幼儿园才好吧？"

李浩显然没有思想准备："上幼儿园还要开车，就在附近找个幼儿园就行了，干吗非要去很远的地方？"

"那我们周末去附近郊游，有时候去亲戚家、去父母家不能总坐公交车吧，人多不方便，而且儿子那么小就颠来颠去的，你不心疼啊？"

老公听了我的话，思考了一下，笑了："我看是某些人不想坐公交车吧？还借口不想让儿子受罪！"

被识破了！我干脆就直接摊牌："我现在真是一刻也不想去和别人挤公交车了，每天早上上班挤公交车我都挤得恶心，而且这一大早心情不好，直接影响我一天的心情，所以我的工作才这么不顺，都是因为没有车，而且以后天气越来越热，你也不想看着你老婆穿着单薄的衣服被公交车上的色狼揩油吧？"

老公说："好啦，不就是买辆车嘛，咱那股票现在势头正好，等我把2万元本金变成6万元，就给你买一辆比亚迪F0。"

于是我开始对股票很关注，每天早上醒来后第一件事就是打开手机，看看今天的K线图，看看我买的这只股怎么样。

老公看我这么上心，就说："老婆，你这样下去我会吃醋的，你天天只知道关注这股票了，连儿子和我都靠边站了呢。"

　　"我关注的是咱们家的车，关注车就是关注我们家的生活，关注我们家的生活就是关注你和儿子，听懂没有？"

　　老公无语了，也不再反驳我了。

　　不过这只股票真的没有辜负我的期望，在接下来的一段时间内，股票真的是牛气冲天，一直上涨，我和老公的2万元很快变成3万元、4万元、5万元。

　　我忍不住要欢呼了，忽然，我想起来一句话："见好就收。"

　　我对老公说："老公，我们抛吧。"

　　老公说："你疯了，正涨着呢，你抛的都是钱啊。"

　　我也开始犹豫了。

　　但是就在我们想抛又不舍得抛的过程中，股票开始下跌了，很快，5万元变成4万元、3万元，我大声责怪李浩："都是你，快点抛，不然我的2万元都没有了。我可不想血本无归！"

　　老公也不知道如何是好。眼看着我们的钱哗哗地流出去，那淌出去的都是我的血啊，我和老公赶紧把股票抛掉，还好，在我们抛掉之后，那只股依旧在下跌，我的心里才没有那么难受，但是一想起原来的5万元变成了3万元，我死的心都有了，我的2万元啊。

　　后来我和老公就这只股票开了一个小小的讨论会，我发表声明："虽然我很爱钱，但是我这小心脏真的受不了这忽高忽低的起起落落，以后你要是炒股我不反对，但是你最好用你自己的钱去炒，也不要让我知道，我真是不想再经历这种心灵上的折磨了，我的真金白银，一会有一会没的，太刺激我的心脏了。"

　　老公安慰我："我们不是还赚了1万元吗？呵呵，第一次投身股市，我们还是有收获的呢。你不是想要车吗？我们指望工资很难很快买到啊。"

　　哦，对了，我的爱车。一旦有了买车的想法，就再也无法消除这个念头了。

其实我是不懂车的，我记得很久以前，我和同学一起逛街时，看到一辆大众甲壳虫，我忍不住喊道："你看，这个QQ真好看！"

我同学一把拉着我说："你声音再大一点，那辆车肯定回倒过来，大声对你喊'我这是甲壳虫'！"当时我对车十分无知，我还追问同学："甲壳虫和QQ哪个贵？"

同学无语地告诉我："一辆甲壳虫可以买好多辆QQ，明白不？"

我当时仍然不知道一辆甲壳虫到底是什么价位，但是我也不想买QQ，因为我曾经在大街上看到一辆QQ车，看起来像一辆老年代步车，又脏又破，那辆车让我这辈子也不愿意再买QQ。

但是由于经济原因，我这小家庭是没有雄厚的经济实力买高档小轿车的，于是我还是瞄上了几万元的代步车，喜欢比亚迪，还是有另一个简单而可笑的原因。

一次在和朋友吃饭时，那个开着福克斯的朋友说："说到车啊，你们女孩子家，就开这种比亚迪F0，车小好调头，又省油，跟个摩托车似的，开着去买个菜什么的，最方便了。"于是我就觉得，也许比亚迪就比较适合我这种家庭小主妇，其实同一档次的，还有熊猫吉利、QQ这些代步车，但我就觉得比亚迪还算好看一些，于是才想买它。

我把买车的想法重新提出来时，又遭到了老公的反对，老公说："我觉得我们的当务之急是先攒钱买套房子，有车当然舒服，这谁都知道，可是，老婆，我们这小家小户的，养车费用也不是一笔小数目，我们在没有房子之前，还是先别考虑买车了，好不好？"

李浩的话不是没有道理，靖雯也曾经给我讲过车属于纯消耗品，不像房子还可以增值，但是我还是满腹委屈，觉得别人都可以坐小轿车，风吹不到日晒不到，为什么我就没这个命呢？

"那，你补偿一下你老婆吧。我心里难受！"我满肚子的火没有

地方发泄，只好冲着眼前的这个男人来。

"好好好，我们去吃自助餐好不好，万达广场的锡兰豹自助餐做活动，我刚听朋友说可以半价，我们现在就去，如何？"

"那好吧，没有车子，先吃饱肚子再说，我要拿贵的吃，什么鱼翅，什么雪蛤，我就吃这些。"

"好，老婆万岁，等下你把人家店吃空我都不管。"

创业，谈何容易

　　我的买车梦只能暂时放放了，要把买房子的首付先攒够再考虑车子了。

　　可是我和老公的工资每个月也就那么多，生活中的很多开销都是省不下来的。我对自己说，不能这样下去，我在保险公司工作，业务量最要紧，但是关键是别人不买你的保险，你也不能硬从别人口袋里掏钱买，有时候给别人介绍了半天，别人只说一句，再考虑考虑，就没办法接着说了。我越来越觉得要想致富，仅仅靠工资不行，我必须在自己年轻力壮的时候把自己的潜能发挥到极致。

　　有一天，一位很久没联系的初中同学小雅给我打电话，我真是又惊又喜，我和小雅已经十多年没有联系过了，自从初中毕业后，我们去了不同的高中，之后就失去了联系，没想到她现在也在郑州，而且在大学路那边的一个医院当护士，原来大家都离得这么近。

　　小雅的爸爸和我的妈妈以前是同事，我小时候也和小雅很熟，但是后来随着时间的推移，大家都各忙各的，也没想起来联系，她说她从她爸爸那里找到了我的联系方式，老一辈的人一起说话时，才发现大家都在郑州，于是她才找到了我。

　　他乡遇故知，人生四大喜事之一，于是我们很快相约在金水路上

的河南宾馆见面。小雅告诉我，她有两张自助餐的优惠券，快到期了，请我一起去吃。

我其实挺开心的，但是不知道为什么，我脑子里闪过一些多年朋友忽然相见，很多人上当受骗的例子，我这个人为人处世还是非常小心的，虽然小雅也许是一片好意，但是我觉得防人之心不可无。我和我老公说了这件事情，然后我对老公说："小雅的声音我是记得的，这个是小雅没有错，但是如果万一今天我出了什么事，你一定要使劲拨打小雅的这个手机号码，而且去找她爸爸。"

老公听了也没多说什么，只是说我可能多虑了，于是我把小雅手机号码给了老公，就去赴宴了。

事实证明，真的是我多虑了，小雅和我见面后，一见如故，边吃边谈，各自说了自己这些年的经历，都不禁感叹时光的飞逝。

小雅的姐姐在健康路摆夜市卖衣服，摆了很多年，已经成为固定摊位了，小雅告诉我："翩翩，你别看这健康路夜市是露天的，而且每天晚上7点之后才出摊，但是几平方米的地方，转让费就得十几万元呢！"

"是吗？天哪，我真是没有想到，原来我们的省会城市现在也是寸土寸金啊。"

"可不是嘛。现在我也在大学路那边摆了夜市了，白天去上班，晚上和一朋友一起去摆夜市卖衣服。"

"上完班还要去卖衣服，不是很累吗？"

"不过也很充实啊，而且别小看摆夜市，赚不少钱呢。"

晚上和小雅散了后回到家里，我脑子里忽然冒出一个创业的想法来，于是赶快找老公商量："老公，我们也去摆夜市吧？你看我们家附近的园田路就有夜市，生意看起来还不错呢，我也想卖点小东西，挣点小钱。"

老公并不太赞同我的做法，觉得每个月有五六千元收入的白领还去摆夜市，万一被同事撞见，怪丢人的。

"这有什么丢人的，我流自己的汗，吃自己的饭，有什么好丢人的？"

"但是，老婆，我们家很缺钱花吗？我们不用再去蹲在那里乞丐一样摆摊了吧？"

"李浩先生，请问你爹是局长吗？你是富二代吗？你凭什么看不起摆地摊的人？挣钱有什么好丢人的？你不去我一个人去！"

老公看我真的发怒了，就赶快劝我，说："哎呀，老婆，我不是这意思啊，我支持你好不好？你去我也去，我和老婆一起创业，我信心满满，好不好？"

"这还差不多。"

说干就干，我咨询了小雅以后，小雅告诉我，如果刚开始摆摊最好不要卖衣服，因为衣服进价不低，万一卖不出去，容易积压货底，而且我一个人去挑衣服很累，刚起步最好卖一些小饰品，比如手链、项链、耳钉和手机链之类的。还有，摆夜市人流量是关键，为什么火车站的小地摊特别多，因为火车站人流量大，只要有人看一眼，就有商机，因此，摆夜市也是如此。"

说的真是太有道理了，简直就是金玉良言。

周末，我不用上班，就一个人去了火车站旁边的郑州小商品市场。我转悠了半天，买了很多手机链、耳钉、手链、项链，成本也不高，一共才花了四五百元。而且我发现批发就是比零买便宜，以往和朋友去逛街，有时候会去光彩市场买个耳钉，一对耳钉都是10元左右，批发时才发现原来三四元都可以批发到。后来考虑到我是晚上摆摊，光线不好会影响生意，于是又买了一台可以充电的小台灯，还买了一张仿羊皮的毯子，把手链之类的东西摆在上面看起来闪闪发光，希望自己的

生意更顺利。

　　到了晚上，我准备去摆摊了，老公去和客户吃饭还没有回家，我让婆婆好好看着儿子，自己就提着袋子，拿着台灯还有毯子开始行动了。

　　我到了园田路夜市，看到别的人都开始行动了，我也找了一块好地方把毯子铺开，把批发来的东西都摆在上面，那时候天还没有黑，来逛夜市的人很少，所以很久生意都没有开张，我也没有办法，只好耐心地等待着。

　　蹲了一会，我的脚有点发麻，于是我后悔自己出门时没有带张小凳子，要不然这样下去，没赚什么钱，自己的脚就废掉了。

　　于是我给李浩打了个电话，让他快点给我送个凳子过来，老公真是模范丈夫，20分钟后，就带着一张小凳子过来了。

　　一个人摆夜市真是超级无聊，老公来了之后还好，可以陪我聊聊天。由于9月份正属于秋高气爽的季节，天气不冷不热，所以户外摆摊也不算是难以忍受。

　　但是让我郁闷的是，很多人路过只是看一眼，能够蹲下来仔细挑选的人很少。

　　这时候过来两个女人，冲着我嚷嚷："快点，把摊位费交了。"

　　我真是很讨厌那种女人，说话一点也不文明，大吼大叫，不就是个城管吗？有什么了不起！

　　"多少钱？"

　　"多少钱不知道？新来的吧你？"那个尖嘴猴腮的女人打量了我一下。

　　和那个女人一起的另一个人看起来也不怎么和善："新来的不能摆这里，这里是卖鞋的老摊位，一会那人过来指定把你赶走，新来的去南头，快点把东西搬过去，摊位费每天10元，现在交。"

我和老公没有一点办法，谁让我们现在的身份是小贩呢，人家是城管，人为刀俎我为鱼肉，我们只有任人宰割的份。

我们一点点把所有的东西摆在了最南边，这里人烟稀少，生意能好才怪，而且这边的路灯还有点昏暗，若不是我带了那个小台灯，估计今天晚上一单生意也没有。

天色渐渐暗下来，逛夜市的人也多了起来，我为了招揽顾客，把耳钉带在自己耳朵上，希望有人看到我带着好看能购买。

终于，也有人来光顾我的摊位了，一个女孩和男朋友一起想买个手链，反复挑选之后，想要那只手编的手链，那条手链我进价6元，喊价20元，但是地摊上都砍价钱的，那个女孩给我10元，我不卖，我心想我来回折腾来折腾去，还没开张就交了10元钱的摊位费，才赚4元钱，我才不卖。我最低也要15元，后来那个女孩犹豫了半天，放下走了，我也没有喊住她，过了两分钟，她又回来了，花15元买了那条手链。

哦！耶！我的生意终于开张了！我信心倍增，和老公相互鼓励，一定要好好做下去。

又来了两位母女，女孩想买耳钉，试戴了很多，还是决定不了买哪一对，女孩妈妈看到我耳朵上戴的，让她女儿也戴一下同样的一对，那位妈妈说："嗯，还是我女儿戴好看，老板你戴着这对真是太难看了。"

女孩母亲说的话真是让人难以忍受，我当时想揍她的心都有，你女儿长得满脸的痘痘，那副德行简直是糟蹋我的耳钉，她竟然还这样说我，但是谁让我是做生意的呢，我肯定不能和这位没有口德的老女人一般见识，我笑着说："你女儿长得好看，正好配这副耳钉，这副耳钉简直是为她量身定做的，所以我戴上肯定没有她带上好看了。"

那个老女人撇着嘴巴说："我女儿长得好看是公认的，这耳钉其

实一般，不过你戴上真是太难看了。"

天哪，怎么会有这么不会说话的人！

我老公显然看出自己的老婆在强忍着火气，于是，我老公说："你们买的话，15元一对，不买的话还是去别的地方挑选好了。"

"我这不正在挑吗？不试戴怎么知道合适不合适？"那个女孩和她娘一个德行，冲着我们嚷嚷。

我当时真想让这母女赶紧滚开。

最后，意料之中，这对母女什么也没有买，还留给我一肚子气。

不过，做生意所面临的困难是自己无法预料的，我的怒气在下个顾客到来时就烟消云散了。

到晚上10点钟之后，人越来越少，其他摊位开始收摊，我也和老公收拾完打道回府。

回到家里，我开始算账，今天毛收入123元，去掉40元的进价，还要去掉10元的摊位费，净收入就是73元，太好了，第一天就收入70多元，这是小本生意，已经算是很不错了。我满心欢喜，想到自己以后摆地摊，然后慢慢租个店面，再开个小饰品店。以前我读大学的时候，学校附近有很多这种小饰品店，里面的生意很火爆，小生意走的是量，一个两个看起来赚不了多少钱，但是卖得多了自然就赚得多了。

我和老公的创业大道就在眼前！

初冬的小贩

　　我的摆地摊生涯从那年9月份就开始了，于是我风雨无阻地成了园田路夜市中的其中一个小贩，而我的老公李浩，就是我生意上的同伴，我是老板，他就是二当家的。每天晚上，他陪着我出摊，陪着我收摊。但是大部分时间都是我一个人在火车站旁边的小商品市场、万博小商品市场进货。

　　一天，小雅又给我打电话，问我最近生意怎么样。

　　我说还不错，因为成本低，所以利润也就不高，每天也就是百十来元钱，每天花费两三个小时，也差不多了。

　　小雅告诉我，以后做大了可以去浙江义乌小商品市场批发东西。我之前上学的时候就听说过义乌小商品市场，有一次去浙江横店旅游时，还曾经跟随导游去那里逛了一下，导游跟我说："义乌小商品市场是一个非常有名的小商品市场，这里的小商品占全亚洲小商品出口的2/3，剩下的1/3在广州、东莞和其他地方。这里小商品城分好几个区，里面很大很大，一个人要想逛完这个小商品城，要不吃不喝一天24小时不停地逛，如果每间店平均停留2分钟，那么需要5个月才能逛完。

　　而我现在的生意还很小，在夜市这个小摊位上，我根本没必要去义乌进货，但是长期的淘宝经验告诉我，我可以在网上批发，那么我就

可以不用出门，在电脑上进货，而且还可以送货上门，真是省时省力。

我在一个周末花了一个上午的时间进了700多元的商品，3天后商品到货，晚上我依然和老公一起出摊，然后等待着淘宝的到货。

我的生意逐渐地扩大了，生意也越来越好，有些附近学校的女孩买了我的东西之后，还特意带着她的室友再来逛，我都会尽量给她们优惠。现在作为一个老板，我才知道，顾客之间的相互介绍是多么的难能可贵，而且更重要的是，一定要保证东西的质量，以诚待人，才能使生意经久不衰。

随着天气越来越冷，我发现买手链的女孩子越来越少了，于是我想开始批发一些围巾、手套和鞋垫来卖了。

在接下来的一次进货，我就进了一些厚的打底裤、各式各样的围巾和手套。但是我发现这些东西真是不如那些零碎的小链子好拿，而且价钱也高，可以说，在扩大经营的同时，我的成本也在大幅度提高，1000多元的东西我提着一个大包根本拿不动，不得不打电话让李浩来接我。

李浩急匆匆赶到火车站附近，看我提着大包小包的东西，不禁心疼起来："老婆，要不，我们就不卖这些东西了吧？这些东西弄起来挺费劲的，而且也只是赚了一些小钱。"

说实话，我不是没想过放弃，但是每当我晚上记账时，看到自己零零碎碎的收入，就忍不住给自己打气：要努力，要自己挣钱买一辆比亚迪，那么以后全家出去郊游时就不用坐公交车了。

我瞪了老公一眼，让他一定要支持我的事业！

老公没有办法，只好乖乖地听从我的话，跟着我一起创业。

由于我白天要上班，晚上又要出摊，所以买房子买车子的想法虽然一直像一个灯塔指引我努力，但是我已经很久没有关注过买房信息了，我想等我攒够了钱，有了20万元的时候，我就去买房。

摆摊已经整整一个月了，这一个月我和老公一起净赚了5326元，真是皇天不负有心人，这个数字我还是非常满意的，一个月的辛苦总算没有白费。摆夜市并没有影响到我白天的工作，我的月工资3600元，老公的月工资7500元，再加上摆地摊净赚的钱，我们这一个月的收入一共是16426元。

太好了，我的房子，我的车子，梦想越来越近了。

但是天气也越来越冷了，我卖围巾的同时，自己也不得不穿上厚厚的大衣，带着围巾手套摆摊了，这时候与刚开始摆摊相比，真是更加艰苦了。

这期间，我和老公一起回山东老家看了一趟他的爷爷奶奶，因为爷爷的腿不小心摔了一跤，伤筋动骨一百天，老人家身体虚弱，我和老公不得不特意赶回去看望一下。

在山东时，我发现老公家所在的这个小城市，很多人的电动车前都绑了一个很奇怪的东西，这个东西被子不像被子，毯子不像毯子，但是看起来又能挡风。这个东西用两根绳子系在电动车的两个车把上，正好罩住了腿，被当地人称为"电动车挡风被"。真是有创意，我为什么不把这个创意带回河南？

于是我赶忙把这个想法告诉李浩，但是没想到又遭到了李浩的反对。

"老婆，你这是想把全世界的钱都往咱家揽吗？卖那玩意干吗啊？你已经在卖手套袜子、围巾了，都快开个杂货铺了，怎么还要卖那个啊？"

"这是商机，老公，你想想，郑州的电动车比这多多了，而且天气冷了，人家骑电动车出行，腿肯定会受寒，但是我这个东西一出手，不是给广大的电动车群体雪中送炭吗？"

"万一没有人买怎么办呢？"

"不会的，你看山东有那么多的人在用，就可以想象这个挡风被在河南的市场还是很广阔的。"

我头头是道的说法，让李浩哑口无言："那好吧，那我还是支持你好了。"

虽然不太情愿，但是老公还是站到了我这边，希望和我一起勤劳致富。

想到就做，我回到家后，赶快在淘宝上寻觅。

功夫不负有心人，我果然在淘宝上找到一家性价比非常高的卖家，我商讨了一下价钱，如果要批发，至少也要一次性购买20件，那么我就买50件吧，每件最低价18元，一共就是900元，我付完款之后，等着3天后这第一批挡风被的来临。

3天之后，果然到货了，这个棉袄一样的东西真是占地方啊，一下子就把我租来的小房子的客厅填得满满的，我在想，如果我这生意继续做下去，估计我真的需要另租一个小仓库了。

我拿着这些东西摆在夜市上卖，我发现这个东西的到来似乎给郑州的冬天也带来了很大的寒气，在户外，风夹杂着丝丝的寒意吹得我直哆嗦，我还要继续创业下去吗？我自己都开始动摇了。

而且，我的挡风被卖得其实并不是太理想，很多人根本不知道这是什么东西。

一开始，我还不厌其烦地给别人讲解，但是后来我也累了，第一天，我只卖了两件挡风被，一件卖了43元，一件卖了39元。

我的心情真是比这天还要冷，而且随着天气变冷，来园田路逛夜市的人也越来越少了。

我的生意一天不如一天了。还好，我在入冬之后就不怎么进项链了，那些东西基本都被我清空卖出去了，现在还剩下一些围巾、手套，还有这几十件挡风被，但是我已经不太想接着做下去了。

我跟老公商量，这满屋子的挡风被怎么处理呢？

"要不这样吧，我在小区里给你贴上广告，让需要的人给你打电话，那么我们就不用再去忍受寒冷了。那些围巾，你带去给你们同事，低价处理好了，不想去摆夜市就不要再摆了，还是好好工作吧，你自小就怕冷，这天儿往后一天比一天冷，万一把你冻出病来，就更不划算了。"

真是我的好老公，听了这话，我心里暖暖的。

当天晚上，他帮我写了一份五六百字的广告，大意是："您还在为冬日里骑车时，那受寒的双腿发愁吗？现在您可以考虑一下我们的'电动车挡风被'了。"之后就是巴拉巴拉说了一些挡风被的作用，最后留了我的联系方式。

嘿，这办法还真有用，还真有三个人打电话找我购买，我真是喜出望外。

都是40元卖了出去。

可是那些小广告总是才贴上一天就被保洁员撕掉了，又不能天天贴，剩下的这些怎么办呢？我又开始发愁了。

忽然我想到了小雅的姐姐，她在健康路摆夜市，而且健康路夜市在郑州远近闻名，顾客不会像园田路这边随着季节变化而大幅度减少，那边已经形成市场，此时卖冬日用具的人还有很多，我何不把这些东西兑给小雅的姐姐，让她去卖呢？

第二天，我给小雅姐姐打了电话，小雅姐姐一听就很爽快地答应了，让我有时间就把那些挡风被带过去。

我以28元的价格将挡风被全部兑给了小雅的姐姐。见到小雅的姐姐时，我也感觉到了做生意的不容易，并不是想发达就能发达起来的。小雅的姐姐在郑州十年了，一直在健康路，但是她到现在也没有去租一个店面，依旧在露天的夜市里摆摊。我也感觉到，自己还是做

好自己的保险事业要紧，人生没有捷径可走，不同的行业，要经受不同的苦，为了赚钱，大家都是忍受着生活带来的种种不乐意，但是又那么坚强地活着。

后来我把围巾、手套之类的东西也都处理了一下，同事们都很配合，说我卖的东西很好看，而且比夜市上的便宜，都很乐意买。虽然我都减价处理了，但是我还是稍有赚头的。

回到家里，我仔细地算了一下账，这两个月来，我和老公一共赚了8000多元，也算是笔不小的数目，我们的创业也要告一段落了，心情有些失落，在园田路那一小片土地上，有我的汗水，有我的喜悦，也有我的埋怨和我的忧愁，但是我要和它说再见了，那段难忘的创业史，再见了。

第9章

生活潜规则中的
精明小夫妻

　　我和老公经历过股市风云、艰辛创业之后，不再对起伏不定的股市和创业的艰辛一无所知，在与朋友谈论起此类话题时，我也变得能说会道，而不是像以前那样，每当男人议论起财经方面的东西就一脸迷茫。当然，像我们这种小家庭，是不可能因为买股票一夜暴富的，那些投机类的小把戏也只能偶尔消遣下，还是踏踏实实地工作，老老实实地挣钱，日子才过得安稳，过得放心。

节俭与享受，两者都要有

　　我虽然不是什么富二代，但是对美好事物也会垂涎欲滴。我的小姐妹娇娇，攀上大老板之后，生活过得真是奢侈，每到周末就乘飞机去深圳买衣服，有时候还去香港扫货，给我带回来的化妆品和香水都是法国的进口货。这种生活着实让我羡慕了很久很久，但是我的经济实力实在没办法和娇娇相比，不过人各有志，我有爱我疼我的老公，总算心里有点安慰，娇娇虽然物质上很富足，但是精神世界却十分空虚，她曾经多次向我抱怨，那个有钱的老板又出去做生意了，家里只剩下她自己。

　　有一次，我和李浩在团购网上团购了一个牛排套餐，很划算啊，原价42元的沙朗牛排团购价才28元，我在美滋滋地吃牛排时，根本没听见手机铃声，后来吃完饭一看手机上有5个未接电话，都是娇娇打来的，我生怕有什么急事，赶紧回复过去。

　　"娇娇，怎么了？刚才在外面吃饭呢，没听到电话。"

　　电话那边的娇娇声音听起来有气无力："没什么，一天了，一个人待在家，无聊透顶，想找个人说说话。"

　　"那，我现在去找你？"

　　"唉，不用了，电话里抱怨一下就好了，我一天待在家，你不知道多难受，连个吵架的人也没有。刚才我自己出来了，坐上公交车却不

知道自己想去哪里，我一个人看着窗外，就在想，我天天在干什么啊？我在等什么呢？"

我看这小姐妹情绪过于低落，赶忙说："娇娇，你在哪？我去找你。"

"好吧，我在大上海一楼的必胜客，你过来吧。"

我正好离她不远，姐妹情深嘛，我扔下李浩，拦个车就去找她了。

20分钟后赶到必胜客，看到娇娇一个人在角落里暗自神伤。

"娇娇，怎么了？"

她帮我点了杯饮料，说："我真是应了白居易《琵琶行》里的诗句，'老大嫁作商人妇，商人重利轻别离，前月浮梁买茶去'，我总算体会到了这种凄凉，我其实连这个怨妇也不如，我在等待什么呢？他不会离婚的，他父母不同意他离婚，而且他儿子都10岁了。我在等待什么呢？告诉我。"

我无语了，一时不知道怎么劝她好。

"我现在有这么多钱，但是我真的一点也不快乐，他送我房子，送我金银首饰，除了名分，他说什么都可以给我，但是我还是不开心，这些东西对我来说，真不知道是福是祸。"

"亲爱的，别伤心了，你还是和他断了吧，你还这么年轻，这么漂亮，给他当二房太冤了，好男人多的是，你下定决心，和他断绝关系吧，找个真心爱你的，以后逢年过节一家人和和美美多好。"

"我也想，可是感情的事根本没这么容易，我起初告诉自己不要陷进去，只是和他逢场作戏罢了，他有钱，我有青春有美貌，以后各走一边，可是到现在我才发现，我内心真正追求的根本不是物质的富足。"

娇娇狠狠地喝了一口西瓜汁，接着说："我想嫁给他，他老婆根本没我漂亮，而且还比我大，他没有理由要她不要我，是不是？"娇娇此刻已经把自己从二奶升级为对大房有威胁性的小三了。

此时，我不得不解释一下二奶与小三的区别：二奶是满足现状，用青春换物质，对正室不具有威胁，类似古代的二房。小三与二奶相比，却显得野心勃勃，不仅想占有这个男人的物质，更想独揽大权，升级为正室，类似古代宫廷内一心想做皇后的西宫娘娘。

我对娇娇和此老板的未来并不看好，有钱的男人很难对一女子真心，更何况此女子一开始就是为钱而来。于是，接下来我依然劝分不劝和。

"我还没吃饭，有点饿了呢。"娇娇不想再听我让她分手，我知道她在逃避。

"服务员！服务员！点餐！"

"对了，翩翩，你想吃什么？我请你吃。"

服务员拿来菜单，因为刚才的牛排分量小，我感觉没吃饱，心想正好再补点，就对娇娇说："那就点个比萨吧。"

"那好吧，服务员，给我上一个16寸的夏威夷风光比萨，要松软的。"

服务员很有礼貌地告诉我们："两位女士，我们这款16寸的比萨现在没有了，您看能不能换成一个9寸的加一个12寸的呢？价钱是一样的。"

娇娇小声嘀咕："一个换两个？听起来很占便宜呢！好，那就换吧。"

我脑子里忽然闪过一串数字：16寸的比萨，面积就是256平方厘米，而9寸的面积是81平方厘米，12寸的面积是144平方厘米，9寸的和12寸的加起来才225平方厘米，比16寸的少了31平方厘米！我急忙喊道："不可以。"

"怎么了？"娇娇问我。

　　我把自己在脑海里的数字说了一遍，服务员和娇娇都傻了，服务员显得非常不开心，说："那两位女士，你们点别的吧。"

　　娇娇愣了半天，说："算了，要不，咱去别家好了。"

　　娇娇付了饮料的钱，就拉着我出去了。

　　一出门她就狂笑不止，说："亲爱的，你真是我的开心果，你现在真是会过日子啊，天哪，我要是男人就好了，娶你这样的老婆，我以后生活肯定过得很不错，太会精打细算了你，哈哈。"

　　其实我这纯属第一反应，根本没考虑那么多，不过娇娇的郁闷也随着我的"出丑"烟消云散了。

　　晚上回到家，我把这件事讲给李浩听，李浩又喜又气。喜的是他媳妇真是精明，过日子精打细算到如此地步。气的是难道他作为一个男人，亏待老婆了吗？让老婆出门这么计较金钱，吃个比萨还按平方米算，不，还精确到平方厘米！

　　现在想起来，当时的自己不知道是太聪明了还是太糊涂了，吃西餐本来就是享受，这样一来，让我搞得很不浪漫。

　　第二天恰好是周末，一大早我就收到嘉惠的微信，那边的声音也是显得有气无力："姐们，今天是周六，你牺牲一下天伦之乐，来陪陪我这个可怜的女人吧？"

　　正好我也很久没去逛街了，于是很爽快地答应她：9点30分，在太康路百货大楼旁边的屈臣氏见。我们这姐们通常逛街选择会合地点，一定是可以逛的地点，因为逛街的人一般比较悠闲，所以不赶时间，先到者就先在某个地方逛着，逛街的时候时间总是很快，若是选择在某个咖啡厅或者西餐厅见的话，那先到的人肯定是度秒如年了。

　　我比嘉惠迟到了一点，因为等公交车的时间太长了，我下车后走到屈臣氏已经快10点了。和嘉惠在屈臣氏逛了一会，又去百货大楼看了看，觉得也没什么可买的，周末人又很多，熙熙攘攘的，打折的衣服看起来也不喜欢，最后觉得还是应该去印象城看看。

到了印象城已经快12点了，我俩都有点饿了，恰好我想起来我还有一张印象城四楼的安藤家日本料理团购券没有用，39元的团购可以吃到115元的二人套餐，还有一些寿司之类的。

到了安藤家，发现这里的生意真是萧条啊，周末，又是吃饭的时间，这里竟然没有顾客，我们是仅有的两位。

我们报了团购券号后，才陆续来了几个顾客，也是团购才来的，这也怪不得安藤家，印象城本来人就不多，不过这个地方却是女性逛街的好去处，环境好人又少，都是品牌店。

吃完饭后，我和嘉惠在印象城转悠，看到一个女孩从三楼的西南角拎着大包小包走过来，坐在一旁的椅子上整理衣服，我和嘉惠不免诧异，哪里的衣服打折呢？

不知道大家发现没有，当你对一件事情好奇时，那么对这件事情好奇的人绝对不会只有你一个，还没等我们开口问，已经有人抢在我们前面问："你这是在哪里买的呢？"

那女孩打开塑料包装，我们一看都是阿迪达斯、耐克、彪马和匡威的衣服、鞋子，还有包，那女孩一边整理一边说："这些品牌店打折，今天才一折，但是只能内部员工去买，外部人士不让进。"

我看到她整理的一件黑色耐克棉袄，就问："你买的这件多少钱呢？"

"180元。"

我和嘉惠对视的时候发现对方眼里都闪烁着光，耐克棉袄才180元？

走，去看看。

我们也走到刚才那个姑娘出来的地方，发现在那个角落里有个塑料大棚，里面熙熙攘攘，跟菜市场一样吵。而且还有个人把着门，不让进："不能进了，不能进了，下午才能来。"

"下午几点能来呢？"

"两点半以后。"

我和嘉惠真是太想知道里面发生什么事了，不顾那个人拦着，硬是往里挤。

"哎哎哎，哪个店的？说不让进了，还挤什么挤？下午两点半以后再过来，现在里面不让进了。"那个长得还算青春活力而且有点小帅的男生指着我们说。

什么情况啊，还不让进，真是的，但是没办法，我和嘉惠只好悻悻地走了，准备等到两点半以后再过来。

在印象城其他地方逛了一会，时间过得挺快，转眼到了两点半。

我们又跑过去，这个不能晚，打折的衣服是有限的，万一被别人抢了先，自己就买不到了。

我们看到已经有很多人在那里等着了，说起来印象城环境干净宜人，但这个角落显得又脏又乱人又多，和整个印象城看起来有点不协调，但是不管啦，只要衣服打折，便宜就行，谁会和自己的钱包过不去呢！

我们在等待进去时，听到别人说，这是阿迪达斯、耐克、彪马和匡威店每年一次针对内部员工的折扣日，今年只有今天和明天两天，里面衣服均是一折出售。

我和嘉惠看到前面的人在进去时，把门的问："哪个店？什么品牌？什么名字？"

前面的人说什么没听清，我和嘉惠都有点懵，这还是个关卡呢。

很快到我们了，那个守门人又问了同样的话。嘉惠故作镇静："健康路。"

"什么店？"

"是不是生活馆？"

"哦，是的，是的。"

那个人似乎已经看出我们充假了："叫什么名字？"

"哎呀，帅哥，你让我们进去吧，我们就进去看看，行不行啊？"嘉惠开始使出女性的撒手锏——撒娇。

"哎呀，这是规定，外面的人不能买的，美女。"

在他俩你一句我一句时，我趁机溜了进去。

"她进去啦，我也进去啦。"嘉惠一下子挤了进去。

总算进来了，我们看到里面分好几个房间，各个房间用塑料棚隔开。我们先去了一个卖鞋子的房间，发现这里不仅有运动鞋，还有红蜻蜓、路贝佳、星期六、接吻猫等很多高跟鞋，但是里面的鞋子都是被挤得变了形，又脏。一看价钱也不便宜，每双都是200元左右。实在没什么可挑的，也许这些鞋子和原价相比已经便宜很多了，但是在这种地方打折，还卖到200多元，我和嘉惠都没有购买的欲望。

还是去里面看看，里面还很大，我们看到有运动鞋，还是刚才那些品牌，但是我和嘉惠都是大龄熟女了，早已不穿运动鞋了，而且买鞋不像买衣服，大一点小一点都不行，想给其他人买也不行，万一买的号码不对，也不能调换，那还是算了，接着去里面好了。

最里面是衣服，里面大概有七八十平方米那么大，一行一行挂的都是那些品牌衣服，有棉袄，有短袖，也有春秋装，人也很多，推推搡搡的，我和嘉惠都赶紧淘宝。

"喜欢的话就先抱到手里，买不买再说，不然一会就被别人抢走了。"嘉惠悄悄对我讲。

"有道理。"

我们来回挑了很久，以至于我站得腰都疼了，终于挑了六件衣服。我给爸买了件春天穿的长袖T恤，给李浩买了一件耐克上衣、一件短袖T恤、一件彪马的秋装上衣，还给自己买了两件耐克棉袄。妈妈的

衣服不好买，而且妈妈也不喜欢穿运动装，还是不在这里买了。

一看嘉惠，也是抱着一大堆衣服。

我们都兴奋地去结账。人真是多啊，排了好长的队，等啊等啊，终于快到我们了，这才发现原来不同的品牌必须去不同的柜台结账，我们站的都是阿迪达斯这队，切，无语了，我和嘉惠只好分开，我抱着耐克的衣服去那边结账。

还好两个队挨着，我还可以和嘉惠说说话。没想到的是，这里不是结账，只是先打印小票，还要到另一个付款处付现金，而且不让刷卡。

Oh，my god!想买件便宜衣服真是不容易!

取小票前又听到员工问买衣服的："哪个店？什么品牌？什么名字？"

我赶忙问我前面的女士该怎么说，这位美女真是我生命中的贵人，她告诉我报："健康路，利康店，名字是XXX。"

真是感谢这位美女，这位长得美、心灵也美的美女。

我跟嘉惠说了后，我们就在长长的队伍中等着取小票，等着付钱。

来回折腾了很久，而且在这个过程中一直都有着轰轰的吵嚷声，我感觉我的听觉都快被这吵嚷声屏蔽了。

后来一看小票，真是惊喜，原来全都是一折，原价1000元的棉袄，现在才100元，原价500元的上衣，现在才50元，真是像捡来的一样!

我和嘉惠又忍不住想再去挑点，腰疼就腰疼吧，再忍忍，都是钱啊，以后再买时，那都是原价了。

后来又挑了一会，又去排队，又去付钱，又在人群中折腾。

终于在下午5点30分时，我俩精疲力尽，决定打道回府。

没想到出门时比进门还难，因为这是折扣衣服，没有袋子的，我们就这么抱着一大堆，在地上随便捡了个透明的塑料大袋子，把衣服装进去，出门时相关人员要一点点检查，而且小票又多又乱，检查时，我看到另一边的进口拥挤着很多的人。

那些人像是节假日游乐园里排队要去坐过山车的人，他们用无比羡慕的眼光看着已经归来的我们。

在那些人群中，一旦有人想溜进去，就会引发一场战乱，其他人想趁乱进入，守门人又会破口大骂，甚至大打出手。

我和嘉惠一共花了1000多元买了以前要花费好几千元才能买到的衣服，真是大有收获啊。

回到家后，老公一点也没责怪我，反而觉得我很会过日子，因为这些衣服都是专卖店的正品，质量有保证，而且比平时便宜太多了，真是太划算了。

这次血拼之后，我发现，生活就是这样，该节俭时要节俭，但是该花钱时也不能含糊，比如如果今天我不舍得花几百元，那么日后等到天冷了或者天热了，我又要去正品店购买原价的衣服，则不仅没有节省，反而浪费了更多。

节俭与享受，乍一听，似乎很矛盾，其实不矛盾，享受的同时依然可以节俭，就看自己如何在同样的薪水条件下，过出不同的生活品位来。

打比方说，比如我就职于保险金融行业，工资每月才3000元，无任何额外补助；而一个老家农村的妇女到城市打工，干体力活，每月也是3000元。我可以在衣服有折扣时血拼一下，可以在团购上享受吃的喝的玩的。这并不会花多少钱，但却生活得很小资。而农民工姐姐由于做体力活，太累需要更多的休息时间，根本没时间上网，不知什么是团购，也不经常逛街，不知道衣服何时打折，只是在需要的时候，到商店里拎起一件原价的就走，花了太多冤枉钱了。生活看起来很不一样，但

是其实大家的薪水是一样的。

如果过于节省，不敢吃不敢穿，只是为了以后积攒更多的钱，那还有什么意义呢？很小的时候，老师就教导我们："读万卷书行万里路。"现在的自己本科毕业，也算是读万卷书了，但是还要增长见识，一定要与现实接轨，经常出去走走开阔视野，与大自然的亲密接触也更有利于身体健康。因此，节假日时和老公一起团购个旅游，爬爬山、看看山水也是一件很惬意的事情。

对于出去游玩，我偏向于报团，我当然知道自驾游和跟团的优劣势，但是由于我比较懒，既然是出来旅游，就不愿再操心车旅费、住宿费和餐饮这些杂事，我提前报个旅行团，然后跟着大部队走，一路有导游讲解，悠然自得。老公却和我恰恰相反，他喜欢自由行，他说出去玩要的就是心境，跟团太不自由了，上个厕所还要规定时间，而且万一有人走散了，又要互相等，本来出去玩的时间就很宝贵，他万分不愿意把自己的时间浪费在等待那些不守时的人身上。

我们各执己见，后来决定，去山高水远的地方就报旅行团，去大城市观光就自由行。

奢侈香港游

我和老公结婚后，由于经济原因，没有所谓的蜜月之旅，对于这件事，老公一直心怀愧疚，觉得对不起我，当别人每每提起甜蜜的蜜月行时，老公更是希望能够补偿我一个蜜月行。

我们结婚后，虽然要攒钱养儿子，要攒钱买房，但是作为新时代的80后小青年，对精神的追求还是无法割舍的，在一次年终奖发完以后，机会来了。

元旦前夕的一个下午，老公下班后兴冲冲地和我说："老婆，特大喜讯，特大喜讯！"

我看他手舞足蹈的样子，很是诧异："老公，到底发生什么事情了？你怎么如此的不淡定，搞得跟范进中举一样呢？"

"比范进中举还要开心呢，哈哈。"

"那是什么事呢？你升职了？"

"非也，非也。爱妻接着猜。"他竟然还不直接说出来，还给我卖关子！

"我不知道啊。"大冷天的，我懒得动脑子猜。

老公还是很兴奋，神秘地从包里拿出一张银行卡，告诉我说："老婆，这次项目我做得好，老板发了好多奖金，加上年终奖，一共发

了4万元！"

"哇哦……"轮到我不淡定了。

"老公你真是太有本事了！"我开心得要跳起来了。

晚上睡觉前我们又乐滋滋地计算我们的买房大计，买什么地段、什么价位、几房几厅、怎么装修……

正在我们计算的兴头上，我的手机铃声响了，我一看手机，是大学同学小敏。

小敏是我大学宿舍的一个姐妹，在读大学时谈了个才华横溢的男朋友。大学读书时，我们关系很好，经常一起吃饭一起自习，特别是大四的时候，我们一起加入考研大军，每天早上6点起床，去图书馆学习，然而，似乎我们都运气欠佳，结果两人都没有考上。毕业后，她男朋友考公务员到了深圳，她也跟着男友去了深圳。她去了深圳之后，由于离得远，慢慢地联系也少了，忽然看到她的来电，我一阵欣喜。

"小敏儿，好久没有联系了，你还记得我啊，女人呐。"

"好久没有联系了，姐们思念你了呗。最近忙什么呢？过得咋样？"

"不咋样啊，撅着屁股挣钱呢，赚钱买房子啊，不然的话在这大都市待不下去了呢。"

"不是有老公李浩吗？男人不就是负责养家的嘛，现在网上流行说'男人负责赚钱养家，女人负责貌美如花'，哈哈，有时间的话来深圳找我呗，我老公忙，经常不在家呢。"

去深圳？我还真没想过呢。

"来呗，翩翩，郑州天气冷吧？我们上学那会宿舍没暖气，郑州的冬天不好抗啊，你来深圳就知道什么是鸟语花香啊，呵呵，我也好想念你，你来这边找我玩呗。"

我和她聊了大半个小时，聊聊家长里短，聊聊国计民生，聊聊其他同学，时间很快过去了，总感觉和老朋友聊天时，时间过得飞快。

挂完电话，我继续和老公商讨买房的事情。

老公犹豫着问我："翩翩，我们结完婚就没有出去旅行过，你想出去玩玩吗？"

出去玩？旅行？谁不想啊！

我一直都有个梦想，就是环游世界，可是毕业后，我这个梦想开始一点点被现实生活所吞噬，刚开始是想环游世界，后来变成环游中国，再后来觉得把河南的旅游景点看看也不错，到最后脑子里只剩下攒钱攒钱，越发成为一个庸俗的家庭主妇了。

现在老公的一席话，让我开始纠结，我们的钱不多，要攒钱买房子，如果出去旅行，那么买房子的时间就会往后推，但是出去旅行的想法一旦出现，就像是摆在自己面前的红烧肉，如果不吃下去，就觉得对不起自己。

"我想啊，可是，我们的钱不多啊。"

"老婆，我年终奖发了不少，而且过几天你也会发年终奖，我们也算是跟跟跄跄奔小康了，也有资格去一下自己喜欢的地方了，北方天气冷，要不我们去云南？"

云南的丽江古城已经在我脑子里出现过好多次，而且我很多朋友都去过云南，看过丽江古城，看过玉龙雪山。

但是，我想去的地方太多了，在这个北方大雪纷飞的季节，我更想去海南，在温暖的海滩边恶补一下我的蜜月。

"海南也好啊，我也想去啊，我看到别人在海南穿着大裤衩在沙滩上拍的照片，我都羡慕死啦。"

"那，我们去海南？！"

"但是我们还要请假呢，没有假期怎么去呢？"

"老婆，你肯定是赚钱赚糊涂了，马上就是元旦节了呀，元旦节

会放假的啊。"

是啊，我怎么把这个给忘了呢。

事不宜迟，我马上看看飞往海南的机票。

可是，一看机票，我又傻眼了，从郑州到海南，票价都是2000多元，而且因为时间比较紧，基本上没有打折的机票。一个人2000多元，两个人4000多元，来回光机票钱都要8000多元。

我不禁倒吸了一口凉气，算了，这路费，太贵了。

为了那海边的两日暖阳，这么昂贵的路费，不去也罢。

老公看到机票那么贵，也有点舍不得了。

"那，老婆，要不，我们换个地方，你不是一直想去香港吗？你以前看电视剧总喜欢看TVB，喜欢听粤语，要不我们去香港转转，TVB拍摄基地看看？"

去香港啊？天啊，那可是购物者的天堂啊，我那些在电视剧里经常看到的地名，什么铜锣湾、尖沙咀、旺角、油麻地等，我耳熟能详却从未见过，我多想亲自看看那些在电视上出现的地方。

"可是，我们没有多少钱呢，老公，我们才几万元钱，那里是购物者的天堂，到处都是奢侈品，我们回不来了怎么办呢？"

"不会的，老婆，我有个朋友刚去过，还没花1万元钱呢，我们的钱够花的，你放心，只要不买5000元以上的包包或者化妆品，我们肯定可以活着回来的，哈哈。"

"好哈，我们此行以旅行为主，购物为辅，那，我们去香港。"

我和老公赶快把我们以前办的港澳通行证翻出来，我发现我的港澳通行证正好快到期了，我今年还有最后的机会，千万别浪费了。

我们说走就走，我想多玩几天，先到深圳，找一下小敏，让她帮我们订好酒店，在深圳住一晚，第二天去香港。

于是我和老公决定，明天上午上班时，向老板请假，说有重要的事情要办，下午就收拾东西，坐晚上的火车去深圳。

我以最快的速度在网上订了两张从郑州去深圳的卧铺票。

第二天，一切顺利，晚上6点，我和老公已经坐在去深圳的火车上了。

一路上我都很兴奋，因为我从来没去过深圳，我去过最大的城市是北京，当时去了北京就觉得到处是高楼大厦，和郑州差不多，只是北京的冬天要冷些。因为当时也是冬天去的，去故宫游览时，我连手都不愿意拿出来，去趟卫生间，洗完手出来，手已经冻得没有知觉。

而这次不一样，这次我去的是深圳，是香港，我看了天气预报，那边的温度还是20多度。深圳，我来了。

第二天早上到了深圳后，小敏来火车站接我，深圳火车站很干净。也许因为天气没那么冷，这边的人穿得很单薄，不像北方的火车站，行人大包小包，穿着厚厚的棉衣，行动起来很不方便。

看到小敏我很开心，给老公介绍完以后，小敏就带我们去订好的酒店休息，因为长途奔波，火车上也没有睡好，下火车后当然要先好好休息下。

小敏问我们的行程如何安排，是不是要去深圳的欢乐谷和世界之窗玩玩。

这两个地方我都不打算去，我们的目的地是——香港。

小敏之前和她老公去过一次香港，但他们才去了半天，去了维多利亚港的星光大道，去了会展中心看紫荆花，去了黄大仙烧香。

这次听说我要去，她也想和我们一起去。

"那好啊，太好了，正好我们可以一起去所谓的'购物者的天堂'看看啊。"

"可是，我去不了啊，我的签证已经用过了，我还没有续签，签证每年只有一次，而且逗留不能超过七天呢。"

"啊？这样啊……"

真没想到，香港和深圳，离得这么近，却并不像我们想象的那么容易来来回回。

可是我和老公到底是自由行还是报旅行团呢？在这个问题上，我们又开始纠结了。

这时候，小敏说她回家休息会，让我在酒店好好休息，睡饱了再准备。

可是我哪里睡得着呢？我出来旅行，时间十分珍贵啊，虽然在火车上没睡好，但是我在酒店也睡不着，我要和老公赶快把路线安排好。

谁知，老公一到酒店，倒在床上就不愿起来，呼呼大睡。

我一个人在酒店找香港的旅行攻略，大家都说自由行好，但是香港的酒店很贵，为了避免背着大包小包找酒店，一定要在去之前把酒店订好。

我在网上看到大家评论不错的酒店便开始打电话预订，哪知，我拨打了三家酒店的电话都没有打通，我开始有点着急了。

我问老公怎么办，他太困了，睡得很死，怎么也叫不起来。

我没办法，只好去问旅行社。我打通了一家旅行社的电话，咨询去香港的团，谁知旅行社态度十分不好，一听我明天就要出发，用十分不流利的普通话让我赶快把港澳通行证号码报过去，我自然不乐意，我还没问好价钱和行程呢！那人催促说："你快点，我这边很忙的，你不报，别人就报了。"

态度真是差，这哪是把顾客当上帝啊，分明是把自己当阎王爷，把顾客当小鬼啊。

我挂断电话，开始找另一家旅行社，旅行社多了去了，不去你家难不成我还去不了香港？

我打通了另外一家，是一个女士接的，她的语气很好，普通话也很标准，她给我详细地讲了价钱和流程，还强调了这个团不是购物团，购物的时间段是什么时候，给多长时间购物都说得很清楚，详细内容让我到公司细谈。

我到了这家旅行社，详细地谈妥了应该注意的一切。

明早出发，在皇岗口岸找导游集合。

我详细地计算了报团的费用，我和老公每人1150元，三天两晚，包括吃饭、住宿、车费和海洋公园以及迪士尼的门票。这样两个人就是2300元，每个人再加100元导游小费，就是2500元，如果自己订酒店，每晚也要差不多1000元，这样算下来，报团似乎并不贵，而且关键是我们的时间太赶，在香港我又没有朋友，根本订不到酒店。

第一天是黄大仙庙、维多利亚港的星光大道、会展中心的紫荆花和海洋公园。

第二天，全天迪士尼。

第三天，自由行。

这三天过得真是充实，特别是第三天，我和老公坐着港铁去了在电影里看过的"天水围"、去了"元朗"、去了TVB拍摄基地，从香港的一头到另一头，来来回回，后来去中环坐缆车上山，看了杜莎夫人蜡像馆，还去了铜锣湾逛街，吃了香港的小吃，喝了香港有名的"许留山"饮品，最后买了一些香水和护肤品。

第三天晚上回到深圳的酒店时，两个人已经累得精疲力尽。

但是好充实的三天，香港之行，充实而忙碌。

回到深圳，我和老公再也没有力气去世界之窗和欢乐谷了，我们订好回郑州的车票，就赶回郑州了。

这次，我和老公玩得很充实，也见识了亚洲四小龙之一、全球奢侈品的集中地——香港。

虽然我们特意打车去了偏远的TVB拍摄基地，却一个明星也没见

到，但是我们很开心，最起码知道了我们耳熟能详的电视剧都是在这个地方出产的，我打车的的士，也曾经载过某位明星。

回到家之后，很累，但很兴奋。

团购，让我欢喜让我忧

香港之行回来后，我和老公又回到了现实生活中。

我粗略计算了一下，我们这次旅行共花了7000多元，买了一部2000多元的相机，买了一些化妆品和香水，还有其他一些零零碎碎的花销了。

比我想象的好了些，我原以为最起码也要花上一万元。

这次旅行也让我意识到，虽然买房子很重要，但是精神上的愉悦也不可取代，适当的时候，我们还是要出去见识一下外面的世界，而不是在工作的地方，忘我地挣钱。

能够让我在这个年龄可以节省与享受并存，我要感谢团购网。有一次，和老公团购一个云台山青龙峡一日游，原价118元，团购价才69元，而且我和老公玩得非常开心，爬山出了一身汗，很久没运动的我，感觉再不运动身体就要生锈了，这次爬山似乎让我年轻了七八岁。

还有一次，我和嘉惠团购一个很高档的美容会所，我曾经从那家美容会所门口路过，真是高档，店面都设计得富丽堂皇，团购价才39元。有全身推拿、面部按摩、脚底按摩、拔罐、刮痧，我和嘉惠都觉得真是用一盘凉拌黄瓜的钱，吃了一盘红烧肉的菜。

然而，在那个美容会所沐浴、护理后，漂亮的店长就开始劝我们

办理会员卡了。我很佩服这个店长的能说会道，她几乎能把死的说成活的，我清楚地记得我们婉言拒绝了办卡的要求后，她用很惊奇的语气说："姐姐，您觉得6000元的卡很贵吗？作为一个女人，一定要对自己很好很好，6000元能为您带来青春永驻、带来美丽真是太划算了，其实要挽回青春，作为一个女人，钱根本就不是问题，多少钱都是值得的，您不这样认为吗？"

真是个会做生意的女子，我和嘉惠虽然被她天花乱坠的演说所折服，但是我们依然死死捍卫了自己的钱包，然后走出去，再也不愿意来第二次。

这是我很不愉快的一次团购，我最不喜欢那些强迫顾客消费的店员，虽然也许这是她们的营销策略，但是对于我这样一个普通白领来说，我来此消费，我愿意消费多少就消费多少，我的钱就是我的钱，犯不着让你来引导我怎么掏钱包。

而且，像那家美容院，简直是暴利，随便给人做做脸，一次就要200元。办卡的话，最便宜的年卡6000元，多则1万~6万元不等。天哪，6000元，我都可以双飞去趟云南丽江了；6万元，我都能和老公一起去趟马尔代夫了。办个卡有啥用，人总会老的，到了60岁还带着一张30岁女人的脸，看着还奇怪呢。

熟女美在知性

人长大了，成熟了，就会开始越来越关心内心的宁静与满足——换句话说，我越来越不关心自己的体重、容貌、服装了。

李浩很满意这一点，不用陪着我像个苦力一样在每个周末逛街了，顶多是一起去吃个西餐或者韩国料理什么的。对他来说，只要不逛街，让他做什么都可以，他最受不了的就是一个大男人跟在一个女人后面，最要命的是去的都是女装店。

过去一件漂亮的衣服，一对闪闪的耳坠，一条手链就能让我称心如意。小女生时代，什么都喜欢，却又什么都买不起，偶尔买得一件，那种满足和快乐，可以把自己的小心脏填得满满实实。

年龄见长，心越来越似无底洞，多少东西都难以填实，那样简单的满足和快乐，比过去少了很多。

记得有一年情人节，我和李浩约好下午6点30分去土大力吃饭，我早早化好妆，坐在土大力里等候他的到来。土大力原本人就很多，再加上情人节，我一个人占着一个位置不点餐，看着外面长长的队伍真是如坐针毡，可是那杀千刀的李浩就是赶不过来，我等了半小时后实在不好意思坐下去，于是喊来服务员问，要不先把位置让给别人？

服务员微笑着说："今天人太多了，您让出位置来，等下您的那

一位到了，不知道什么时候才能等到座位了，所以您还是耐心等待他吧。"

那个被我骂了千万次的李浩，终于在我等待了一个半小时后才急匆匆地赶过来，当时我真想把我喝完的饮料杯砸到他的脸上，然而，李浩的一束玫瑰花，就化解了我所有的怒气，我乖乖地吃完韩国料理，满心欢喜地抱着花回家了。

那时候的小姑娘，真是容易满足啊，买朵鲜花，送条手链，就开心得恨不得嫁给他了，现在的女人可不一样了，动辄要的就是房子、金银首饰，这些真金白银的东西，真是让男人压力不小。

怪不得男人都喜欢20多岁的小女生，记得一项调查显示，女人总是在不同的年龄阶段喜欢不同年龄阶段的男人，而男人，从25岁以后，都是一成不变地喜欢25岁的女生。这也许就是男女的差别所在。

每当对此种人生发表感慨时，我都会暗自安慰自己，这是成熟的表现，我不羡慕18岁的小女生，她们想打扮没有钱，而且我国是不提倡早恋的，我们的18岁都是埋葬在书本里的。我现在就是最美的人生季节，有老公有儿子，生活虽然算不上大富大贵，温饱却早已不是问题。以前年龄小时，梦想就是能够和自己喜欢的明星握握手、合个影。现在可不这样想了，明星基本上都和我同岁了，有的甚至比我还小几岁，我是不会去崇拜一个比我还嫩的孩子的！

几个月前听说某个明星来郑州举办巡回演唱会，要是在18岁时，我肯定拼命攒钱希望能去看一场，可现在听说后没有任何感觉，一张门票最便宜600元，而且还只能站得远远的，看不到明星的脸。

真是开玩笑，免费给我也懒得去，还不如在家听听音乐呢。

演唱会那天我恰好去体育场附近办点事，路过那里，震耳欲聋的欢呼声让我一瞬间感觉自己真是老了，没有激情了，对于这激动的场面竟然没有了任何感觉。

　　我现在喜欢的女人是于丹，是杨澜，喜欢的演员是实力派，目前的目标是积攒足够的钱和家人一起去旅行，最好在脸上没有皱纹的时候去一趟天堂不过如此的马尔代夫。

　　每当我发表此类话语时，李浩就会回应我："你现在的理想已经脱离低级趣味了，变得更需要Money了。"

　　"那又怎么了？我现在也没有当闲人让你养着啊，最起码我有工作，我能挣钱，我在为自己奋斗、为国家作贡献，国家的发展是需要各行各业人士努力的。我这么为国为民，有个去马尔代夫的梦想不过分吧？"

　　"是啊，可你想实现可以环游世界的心愿，去趟巴厘岛或者马尔代夫，就够买十多年的衣服首饰了。想要大城市里的田园生活，想买个带露台的复式楼，为了你这不庸俗的梦想，咱们还要苦干很多年。"

　　听李浩数来，我沉默不语，这两年，消费品的开支的确占了家庭收入很大比例，花销比过去高多了。过了一会儿，我才说道："年龄不同了嘛，原来是小女生，买个10元钱的毛衣链就觉得很好看，能带上好几个月，现在我要那么没用的干嘛啊！现在我是一个男人的妻子，一个孩子的母亲，我要为我的家庭负责，但是我也是一个普通的人，除了积累物质财富，我也和天下的其他女人一样，需要精神享受啊！"

　　"老婆，你总算是想明白了，生活就是要享受的，所以下次我玩游戏时你也不要来打扰我，比起你又想吃好又要穿好还要旅游的心头好，我这真是太不值一提了。"

　　这种老公真是容易满足，一个网络游戏就把他给满足了。

　　金钱的享受，对20岁的女人来说，是初春那枝头一点俏丽，万紫千红总是多多益善；而对30岁的女人，则是盛夏的绿，早已是郁郁葱葱、重重叠叠，无论再怎么浓墨重彩的一笔，也只是滴入湖水的一点，无波无痕。

第10章

与"月光"生活说再见

　　刚结婚时，我是标准的"月光女神"，对过日子没计划、没概念，有多少钱花多少钱。这在前面也有提过，但是我曾经做过的那个关于财富指引者的梦，开始提醒我，已为人妻为人母，万万不可继续"月光女神"的生活了。居家过日子，还是需要一点积蓄的，儿子的教育费用、多年后的结婚费用，我和老公的养老钱，还有应对生活中的风险，不能没有积蓄，眼看着双方家的老人年纪越来越大，我不能总在风雨到来时，需求他们的庇护，而且随着岁月的流逝，他们已经开始向我们寻求庇护了。

开源节流，每月给自己定下储蓄金额

一天早上，公司，上班中……

我听到经理办公室隐约传来声音。其他同事也都窃窃私语。

一打听才知道，经理10岁的女儿得了淋巴癌，医院的医疗费很高，40岁出头的经理现在已经考虑卖掉自己的爱车了。

我听到这个消息有点震惊，但是出于职业惯性，我忍不住问同事小张："经理没给他孩子买保险吗？"

小张耸了耸肩膀说："虽然咱这是保险公司，但是很遗憾，经理没给孩子买，孩子得这种病的并不多，经理没想到千分之一的概率会落到自己头上。"

这时又听到经理的声音，语速急促中夹杂着愤怒："18万元买的车，开了还不到3年，怎么会只值9.6万元？"

"难道经理的爱车真的只值9.6万元吗？他的车可是买了不到3年啊！"

这时，公司的小红走过来和我说："你还不知道吧？经理给网站上公布的二手车业务员打了个电话，向对方咨询价格，对方报价是10万元，比网上的报价高出4000元。就算如此，可还是损失了8万元，等于说在这2年零9个月的时间里，每个月有约2400元（8万元÷33个月）

的资产就这样白白蒸发了。按照二手车业务员的解释，车在开了2~3年后，贬值最为厉害，过了5年后，二手车的价格可能会连新车的一半价格都不到。"

家里摊上这种事，经理真是可怜。

但是在哀叹经理遭遇的同时，我也在心里打自己的小算盘，我以前也总想有钱了就买一辆好车，比亚迪是起步，如果以后生活条件好了，我一定买辆Mini Cooper，压根没想过车价会掉得这么厉害。想起之前靖雯曾叮咛过我的话，买车子不是投资，只是一笔消费，要买一定要买小型车。

经理的遭遇让我想到了自己，我也该考虑到一个家庭不止要面临吃穿用，还要考虑到意外的风险因素，全家人健健康康的还好，但是一旦有了万一，那就不堪想象，于是，我先统计了一下我目前的财产。

最终统计得出的结果是，我目前的净资产为31万元。3年前结婚时我父母亲资助给我们的钱，我都拿去还老公的债了，但是老公的债也不是白还的，在山东老家的县城，我还有一套70平方米的小房子，按县城每平方米3500元的房价计算，我还有25.2万元的不动产，这个要看房价以后是涨是跌。那边的房子是老公的父母出钱买的，他父母现在还房贷，还有三年就要还完了，还完了房子就是我家的。我当时从娘家带的钱去还债也算是为这套房子出了力。除却以上资产，从结婚到现在我的净资产增值仅为6万元，也就是说，婚后两年半的时间，每月仅增加了约2000元。

每月2000元虽然不是小数目，但是目前我和老公的工资加在一起，每月纯收入能达到11000元，可每月仅攒下2000元，这对于以后应付意外风险简直是杯水车薪。当然，刚结婚那段时间，月薪比现在低一些，但印象中夫妻两人的合计收入也超过了6000元，现在看来，我和老公这几年真的没有积攒下什么钱。

　　我好好地回忆了一下发现，存款金额减少是由于我对我家的收入和支出根本没有什么计划，只要有钱就花，每次看到银行卡里有四位数以上的存款，逛街时就迈开大步，毫无顾虑。

　　我暗暗下决心："无论如何都要将月收入的一半存起来。"我经常在各类书籍中看到这条理财建议，可现在每月仅存款2000元，不要说一半，才1/6。虽然以后随着业绩的增加，我做保险行业的薪水会越来越高，到时储蓄额也许会增加一些，可是儿子就要读幼儿园，教育支出又会增加，每月想存入5000元恐怕有一定难度。

　　我觉得无论如何都得节省开支了，我一想到经理孩子的不幸遭遇，就替经理难过，也替我们这些老百姓难过，真是辛辛苦苦很多年，一病回到解放前。于是我把老公喊过来，召开家庭紧急会议，会议的首要内容就是我们如何管理我们的收入和支出，目的就是制订一个合理的计划，并相互监督，共同创造美好的家庭生活。

　　"老公，我们好像完全忽视了意外风险和养老问题了，虽然我们现在还很年轻，但是有些时候很多事情是无法预料的，我们只是普通不过的小老百姓，当风雨袭来时，我们站都站不稳，怎么保护儿子？怎么保护爸妈？而且我们自己总有老的那一天，未来的退休生活有可能比我们上班的时间还要长，可我们所做的准备好像还远远不够……"

　　对于我理财的做法，老公向来都是很支持的，但是他也说出了他的疑虑："我们家里的开销的确不少，但是我们要租房子，也从没断过储蓄，更没有过度消费，意外的事情谁能想到呢，再说那种事情概率很低的，你是不是想得太多了？"

　　"我也曾这么认为，但是仔细一算，我们攒的钱太少了，挣钱如滴水，花钱如流水，钱总是不够花。"

　　"那么，今后该怎么办呢？有什么好办法吗？"

　　我和老公想了半天，都在盘算着以后怎么省钱，怎么多挣钱，想

了半天，老公只想出来一个再普通不过的主意。

"要不，从今天开始，我们就记下每一笔开销和收入，你觉得怎么样？"

此前一直是我亲自管理家庭资产，李浩不喜欢和数字打交道，说实话我这个管家还真是不怎么称职，我几乎都没怎么细心盘算过理财，尽管我的公司就是与金融理财打交道的公司，但是我在公司处理的大多是商业保险问题，比如养老保险、婚嫁保险、重大疾病保险这样的问题，并没有单独做对每月收支进行管理的家庭账簿。

其实刚结婚时我也记过账，但几个月下来，我却发现都在重复相同的项目，像是伙食费、服装费、交通费、我和老公的零用钱、父母的零用钱等。后来就觉得没有记账的必要，所以不知从何时开始就没有再记账。只要老公开口说需要钱，我就会去取，自己一没钱也就直接取出来花，这就导致了有的时候一个月能存5000元以上，而有的时候却会连上个月存入的钱一同花掉的情况。

我仔细地盘算着，一个人在纸上写写画画，嘴里嘟囔着，然后对老公说："我大致算了一下，我发现与我们的收入相比，我们的支出太多，储蓄太少。往后孩子还要上学和结婚，我们也要有自己的退休生活，要想保证这些不受影响，我们就必须减少支出，增加储蓄，因为我想给家人买份保险，经理的遭遇让我想到，人一定要未雨绸缪，等到暴风雨到来时再寻找保护伞太晚了，我必须做好储蓄，并给家人买好保障。"

谁知道老公早就以为家庭会议结束了，他竟然溜到一边去玩游戏了，听我说完，他一边玩着植物大战僵尸的游戏，一边回应着我的话："好啊，我老婆今天脑子开窍了，我支持你，老婆！"

"老公，虽然我们还年轻，觉得退休啊、老啊离我们还很远，而且我们这样平淡地生活着，觉得什么地震啊、意外啊那都是不可能的事，当然平平安安是每个人都希望的，谁也不想自己家里遭到变故，可是我们也不是神仙，如果万一恶魔来了，我们作为凡人，哪有力量和灾难、恶魔相拼呢？"

李浩对于我今后要勤俭节约的决心十分钦佩，也开始检视起自身来："老婆说得对，非常有道理，我以后一定要改掉不节制的花钱习惯，以后少和那些哥们出去喝酒，一定要以家庭为重。"

那好吧，那我从现在开始，就开始记账好了，因为我不想再犯之前记了没几天便放弃的错误，于是我再次喊来李浩和我共同探讨如何让记账不那么烦琐，以至于不会像以前那样半途而废，而且我们首先要理清的是记账的好处和坏处。最后总结了一下，发现好处有以下几点：

首先，记账以后就很容易把握我们家庭的收入和支出的变化，由于每天知道了收支情况，消费也会变得更合理；其次，无节制的信用卡消费将得到控制，自然而然地让我们养成节约的习惯；最后，记账还能使我和老公把眼光放得长远，将重点放在未来。

缺点呢，就是可能会让我变得斤斤计较，变得吝啬，但是为了我的房子和车子，更是为了我的儿子，就把我变成斤斤计较的小市民好了。

不让账目烦琐的秘诀

　　我之前记账有一个很大的缺点，就是过于仔细，我甚至把每天喝一瓶矿泉水的钱都仔细地记在本子上。比如今天和嘉惠逛街，我买了顶帽子花了25元，买了双袜子10元，买纸巾和香皂花了15元，交话费20元，打车24元，等等。每一笔支出都记得如此烦琐，以致后来就觉得自己对自己太苛刻了，比如袜子香皂那都是生活必需品，如此下来，我当然是不愿意天天这样记流水账。

　　后来思考了一下，我应该这样写：比如吃方面的消费，大致多少元，衣服多少元。大件的东西是一定要记清楚的，这样看起来我的记账本就不会太零碎，我也不用拿着计算器反复对账。

　　在记账过程中，不可避免会出现的问题就是钱有时候花完了，但是又不知道自己买的东西在哪里。那么就按大块的算，比如吃饭，花了78元，就直接写90元，因为买瓶水之类的，喝完就忘记了，没必要每一份都写得清清楚楚。

　　有时候，可能因为工作忙或者出差在外地，会出现没时间记账的情况，那么就三四天累计记一次账目，如果想不起来自己到底买了什么东西，就要打开我的手机，看看我最近的照片了。

　　说到这里，我觉得女人爱自拍其实还是有点好处的，最起码可以把自己经过的事情记录下来。比如那天我吃了什么，我和姐妹在新菜品端上来时，都喜欢先拍个照发到微博里，如果买了什么衣服，也会拍下来，再发到微博里。微博不但是我们的心情抒发地，还是记录我们生活的图册。

因此，我的钱花到了哪里，我一看照片，就一目了然，况且这照片上还有日期和地点，这比烂笔头还要省事。

当然除了这些，我还参阅了其他人记账的方法，并取其精华，弃其糟粕。

其中有本书里这样教导记账的人：

为了更有效地发挥记账的作用，首先，一定要有个比较的标准。每月需要建立预算，并时常拿这个预算与实际支出情况做比较，此外需要注意一点，预算必须将节约目标与实际情况合理地结合在一起，没有节约目标或目标脱离现实，这样的预算就不具任何意义。

其次，要把支出分两种，一种是必须花费的支出，另一种是非必要的选择性支出。我们比较容易节省下来的费用正是选择性支出，将选择性支出单独标记出来，会有助于我们控制自己的开销，将一个月的选择性支出全部汇总在一起，这样我们就很容易知道自己最多能节省多少开支。

最后，最好我和老公各有一个节约目标，不建立在理解基础上的节约会带来误会。可以请家中的成员各自订出省钱的目标，互相竞争，可对目标达成率最高的人进行奖赏。

我觉得不管做什么事情，离不开的就是学习，不管是上学也好，工作也罢，永远都要有一颗时刻学习的心态，那么自己将少走很多弯路。

看完记账的使用要领后，我也想学其他"大师们"的做法，在网上建立一个记账单，但是无奈我对电子类的东西真的是反应迟钝，我捣

鼓了很久，还是没弄成，看着那乱七八糟的网页，最后还是放弃了。算了，看来我真的是一个普通的女人，这高科技的东西我真是应付不了，那么我还是用最笨的方法，把所有的东西都记在我的笔记本上，然后用计算器一点点计算好了。

我在记账过程中，理解了"千里之堤，溃于蚁穴"这句话的含义，花钱时老是不把一二十元当回事，殊不知这些费用积攒在一起就是超过自己想象的大笔支出。

我想看看别人的家庭是如何消费的，以便和别人比较比较，但是我不知道去哪里找，我打开一些国家年鉴，把国民消费和国民总收入记下来，再把人数记下来，然后再相互除一下，后来终于得出平均数。但是在我反复弄完之后，才发现，其实在后面的一栏里，有平均支出的记载的，自己真是笨死了。

在目前经济条件下，我国劳动者家庭的平均可支配收入不过17080元，但是储蓄额却有4338元，储蓄率达到了25.4%，我从11000元的收入中仅拿出2000元作为储蓄，储蓄率不过18%，收入和别人差不多，储蓄与别人相比却少得可怜。

不管是金额还是比例分配，大部分的支出项目都称不上过度消费，但有三个项目与劳动者家庭的平均支出大相径庭。

首先，我们花费到我父母和老公父母身上的钱，平均每个月是1500元。

其次是交通费项目。因为我不喜欢挤公交车，和老公一起出门总是喜欢伸伸手叫辆出租车，每次一二十元，看着不明显，一个月下来也不是一笔小数目。

再次就是我花在买衣服上的钱。我不怎么买太贵的衣服，每件衣服也就是二三百元，但买了衣服又要买鞋子，买了鞋子又要买一个与它们相配的包包，结果很多衣服都没来得及穿，买回来就在柜子里放着，这也是没必要的消费。

虽然算不上严重的过度消费，但有一点已十分明确，那就是如果还不改变现在的消费支出结构，即便收入比别人多2倍，将来的退休生活也肯定会比别人差。

我统计了一份与劳动者家庭平均值的对照表，并将对照表递给老公。原本漫不经心的老公也被表里的数据镇住了，原来也曾觉得每月的储蓄额太少，看完此表后才发现，增加储蓄额并不是问题的关键所在，消费习惯才是亟待解决的问题。

我和老公决定减少信用卡的数量，以后在使用信用卡时，要反复确定这笔支出是否非花不可。现在回想起来，信用卡一直扮演着助长人们过度消费的角色，想到这里，我的心里很不是滋味。

接下来，需要考虑一下是否每个月给两家老人生活费的问题，反复探讨之后，觉得孝道还是不可违，这个钱还是要给的。其实我也明白，我父母和他父母都有自己的退休金，他们只不过担心我们乱花钱，先替我们存起来，老一辈的人吃的苦比我们多得多，他们在吃穿方面更不舍得花钱，给他们的钱其实也是变相的存款而已。

对于交通问题，我和老公商定，以后尽量少打车，尽量坐公交车，年纪轻轻不能怕吃苦，如果不是时间太紧，就等公交车，坐这种平民化的交通工具。

最后一个问题，就是我的穿衣花费问题，这个我改，在老公监督下，其实今年来，我已经改了不少了，没用的衣服买得越来越少，坚持下去，以后会越来越少的。

我决定从今天起和老公一同记录家庭账簿，并制定出适用于下个月的预算，经过一个多小时的商议，我们做出了下面这个预算。

如果每月的生活费都控制在预算以内，我们就能每月存入5000元，这比现在的存款额多3000元，如果成为现实的话，储蓄率将达到

45%，比劳动者家庭的平均值还要高很多。既然已经列出预算，我很想知道，如果每月能有5000元的定期储蓄，算上4%的利率，30年后，也就是自己58岁、老公60岁时资产能达到多少？答案是187.2万元。

我长出一口气，告诉自己，从今往后的30年内，只要每月存入5000元，我就可以不用再为退休生活而担忧。做完这些事情，我似乎办成了一件十分重大的事情，大功告成。

人为什么要理财

　　我这些年忽然开始变得对金钱有所节制，并开始理财，还是要感谢我前面提到的刘彦斌先生，这位著名的理财专家在讲座上对我们讲："理财就是以'管钱'为中心，抓好攒钱、生钱、护钱的三个点。用一种形象的说法：自己的收入是河流，财富是水库，花出去的钱就是流出去的水，理财就是开源节流，管好自家的水。"

　　刘先生的话很有道理，人的一生，从出生、幼年、少年、青年、中年，到老年，各个时期都需要用钱，自家的"水库"里必须有水，才能应对各种各样的生活需要。具体来说，我认为理财要应对人一生的六个方面：

　　（1）应对恋爱和结婚的需要。

　　对绝大多数人来说，恋爱和结婚是人生必经的过程。恋爱需要钱，结婚也需要钱。我们先说说恋爱，我们常说没有钱的爱情是不稳定的，女孩子都喜欢浪漫，没有钱就少了很多浪漫。结婚也需要钱，如果买房买车那就更是一笔大数目了。

　　（2）提高生活水平的需要。

　　每个人都希望自己的生活越来越好。从租房到买房，从坐公交车到买车，从普通车到高级车，这是人们普遍的愿望。要提高生活水平，

就需要钱的支持。

（3）赡养父母的需要。

俗话说：不养儿不知父母恩。父母对我们的恩情我们一辈子也报答不了，赡养父母是我们应尽的义务，很多父母有自己的收入，有社会养老保险，但我们也要每个月固定给自己的父母一些生活费。孝敬父母不仅要给予经济上的支持，还要经常看看父母，给父母买些衣物、生活用品。

（4）应对意外事故的需要。

人们常说：天有不测风云，人有旦夕祸福。有时候会有很多意想不到的事情发生，比如你开车突然出了车祸，或者是家里有人突然遭遇了飞机失事，这些事情对你的家庭生活都会造成巨大的影响。我们应该通过理财来达到转嫁风险的目的。整天在外的人应该给自己买份保险，一旦有风险来临，你的家人起码还能有点精神上的安慰。有的人很不负责任地讲：反正人都死了，管他那么多呢。可能说这话的人从没想过年迈的父母和幼小的孩子。话说回来，死了还好，万一不死呢，也算给自己留点尊严呗。

一个人需要买保险，就像需要穿衣服一样，一个人没有保险，就如同裸体在大街上走。

（5）抚养子女的需要。

从孩子出生，到上幼儿园、小学、中学、大学，每个时期都需要用钱，因此，抚养子女也是理财中的一个很重要的问题。在生孩子的时候你的家庭情况就会面临这样的一种财务状况，你的家庭支出会增加，你的家庭收入会减少。因为一般的家庭是夫妻俩都在工作，获得工资收入，那么太太在生孩子期间，她有可能只能领到基本工资，因此家庭收入会减少。而你每个月的支出将比你生孩子前增加2000~3000元。所以你一定要在生孩子前存够一定的钱，有句话说：30岁之前活孩子，

30岁后活自己。为了让孩子健康快乐地成长，你需要有自己的储蓄，理好自己的财。

（6）准备好养老的需求。

人人都有晚年，都会有干不动的时候。怎么样安度自己的晚年，是我们人人要面临的问题。现在人的寿命长了，有可能活到80~90岁，如今基本上都是"421"家庭，你要是指望儿女，让一对年轻人养四个老人，这是不现实的，第一父母不想给儿女增加负担，第二即使孩子有这份心，他们在精力和财力上也承受不了。你退休时收入一定会减少，而由于老了会多病而又希望享受生活，你的支出会增加，在这种情况下，要想有一个幸福的晚年，你就要在年轻时，未雨绸缪，搞好理财，多留一点积蓄，为你家的"水库"积蓄足够的水，以应对你养老的需求。

人穷志不穷，你要是没钱，老了的时候可能要看别人的脸色，这样的晚年是没有尊严的。如果你年老时有钱，很多问题就可以迎刃而解，你可以请保姆，你可以住养老院，过上优裕的生活，而且不给子女增加麻烦，这是大多数老人的心愿；如果你没钱，你不仅会给子女添麻烦，还可能要看他们的脸色。为了安度晚年，过上有尊严的生活，你年轻时一定要注重理财，为养老进行财务上的储备。

未雨绸缪，我要提前给家庭做好保护伞

我这些天忙着记账、算账，开源节流。静下来时，我忽然想起我的经理和他那可怜的孩子。也许很多事情，发生在电视上、新闻上时，我们会觉得离自己还很遥远，自己没必要杞人忧天，但是谁又能保证自己就有上帝的庇佑，永远健康平安美好呢？经理就是一个活生生的例子，当时没有给孩子买重大疾病险，如今又是卖车又是卖房。这让我想起了很多年前的一部电影《边红旗的故事》，那里面的一位父亲和经理的境况差不多，只不过那位父亲不是一位保险工作人员，保险推销员给他介绍时，他三番五次地把别人轰出来，可是后来当他的女儿有病时，他抱着十几万元去找保险推销员已经晚了，因为保险是未雨绸缪，没有病灾时是给自己存钱，但是一旦有了病，就不能再购买了。

我们都是凡人，都希望自己和家人生活得幸福，却也阻挡不了意外的发生，但是我们却可以人为地把灾难带给人的伤害降到最低，于是，思考再三，我决定给老公和儿子买保险。我在保险公司上班，但因为我的资金不足，我也只是在很久以前给自己买过一份保险，而且是在好友嘉惠那里买的，现在自己也成了保险行业的一员，有很强的保险意识还不够，还要付诸于行动。

我给儿子买了一份中国平安保险的鑫盛分红险，根据我家的经济环境，我也只能给儿子暂时先买这个，每年要交4000元，附加重大疾病保险、意外伤害保险、意外医疗保险和住院医疗保险，这样可以为儿子建立一份全面的保障。如果以后我家的经济环境改善，也可以为儿子投保多一份侧重身故和重疾的保险产品。

由于老公是我家的顶梁柱，而且老公已经30岁，我给老公买了一份万能保险，每月要交500元，也就是每年要交6000元，一共交20年，也就是一共要交12万元，包括20万元的身价（如果人出现意外事故死亡，保险公司一次性付清20万元）、重大疾病保险、意外伤害保险、意外医疗保险和住院医疗保险。

我想好之后和老公商量，没想到遭到老公的拒绝，老公说我是没事找事。

"老婆，你这不是咒我吗？我这好好的，你买什么保险呢？"

"亏得你是保险推销员的家属，这点未雨绸缪的常识都没有，这哪里是咒你，这是为咱家做长远打算，反正这个钱如果用不到，到最后还是安安稳稳存在咱家的账户里，还是咱们自己的钱，也会像银行那样涨利息。"

"是吗？那可以取出来吗？"老公有点不相信。

"几十年后可以，现在取也不是不行，只是比较麻烦……"

"哎，我不是不想买，只是咱家这条件一般，没有那么多闲钱买啊。你给儿子买一份就好了，我的还是不要买了。"

我怎么也劝不动老公，无奈，这笔钱不是小数目，说不服老公，我也不能擅自动用公款，更何况就算我替他买了，到时候还要本人签字，我一个人也无法偷偷办成。

那就先给儿子买份好了。

周日，去我家和我爸妈一起吃饭。

我妈给我讲了一个老家的亲戚的事情。因为我妗子只有一个妹

妹，没有其他兄弟，因此我妗子和她妹妹关系特别好，妗子的妹妹比妗子小十多岁，她妹妹的婚事是我妗子一手操办的，所以我妗子对她妹妹和妹夫格外照顾。我和舅舅家也经常有来往，而且每当逢年过节我去舅舅家走亲戚，经常会遇到那位叫做张健的姨夫。

就是这位姨夫，前些日子骑着摩托车在路上被一辆卡车撞倒了，当时真是有惊无险，姨夫觉得没什么大碍，就站起来拍拍身上的土让别人走了。

回到家后的第三天，姨夫忽然浑身酸软、乏力，接下来就开始持续高烧。

真是吓人，全家人都惊慌失措，但是去哪里找那位司机呢？再说当下是张健姨夫的身体最要紧。

在县医院看了一周没有好转，就转移到郑州的一家有名的医院。

可是现在都住院半个月了，依然没有任何好转，吃喝拉撒都要人伺候着。

张健姨夫才37岁，可怜他的老婆和两个女儿，一家之主说倒就倒下了。

我听我妈说完非常震惊，我过年走亲戚时还见过那位姨夫，看到他和几个表弟一起打牌，屡屡赢牌，我还心想这姨夫脑子真是转得快，我每次打这种升级、斗地主之类的扑克牌时都是反应迟钝的，没想到那时候活生生的一个人忽然就倒下了。

"更要命的是，他还没买保险。"我妈讲完又补充了一句。

我听了这句话有点无语，没想到我妈妈也受我这么大影响，这句话若是从我嘴里说出来也就罢了，我妈妈竟然也被我这职业病传染得这么厉害。

一边的老公一直沉默。

回到家后，老公开始问我："老婆，姨夫这事真是吓到我了，要不，咱那保险，还是买了吧？"

"真的？你愿意买了？"

"嗯，虽然我老觉得保险这行业跟骗人似的，保险公司把钱拿走就没人影了，但是我想到姨夫一家，特别是姨和她的两个女儿，男人倒了，一个家就不像家了，而且医院开销这么大，她们一家的生活真是不敢想象。"

"太好了，老公。"

我转念一想："老公，你不会觉得这是我和我妈在演戏，演给你看的吧？"

老公惊奇地睁大眼睛说："老婆，你一定是《甄嬛传》看得多了，把人想得太复杂了，这是中华人民共和国时期，现在是社会主义，你看那些后宫争宠、勾心斗角、尔虞我诈的电视剧我不怪你，你不能带到现实中来啊，你真是想多了，呵呵，再说，你老公也不是皇上，你没必要演戏给我看——以获得恩宠的。"

"去你的，还皇上、还圣恩呢，不过这次姨夫的事情带给我的感触也很大，一家之主倒下，一个家就散了，这种事情每天都有上演，我们以后也一定要小心，以后要好好关注自己的身体健康。"

第二天，我就去公司为老公填了保单，然后让老公自己签字。

现在为止，我已经给我的儿子、老公和我自己各自买了一份保险，并且都是根据我们的实际情况量身定做的。我明白，我们三个人是一个家庭，人平平安安才能幸福，买保险就是买平安，以后我会继续努力干好我的事业，给更多的家庭带去平安、带去幸福。

第11章

我们一起"理"买房那些事

　　2011年十一假期，我盘算着家里的储蓄，开始把在郑州买房子的事情提上日程，作为一个平民百姓，在省会城市买房是家庭中最大的事情了。中国有句古话："金窝银窝不如自己的草窝。"传统的思想使我感觉到，还是应该有一个属于自己的家，在租来的房子住着虽然也很方便，而且几十年的房租算下来，比买房子还要便宜，可是那房子始终不是自己的，眼看着儿子一天天长大，我开始决定，在郑州买一套属于自己的房子。

买房，一定要三思而后行

　　说到买房，我刚开始真是一无所知，除了知道房价上涨得很厉害外，其他的一概不知，但是买东西货比三家，精挑细选总错不了，于是我和老公开始关注各大楼盘，开始关注与住房有关的所有政策。

　　老公和我再次召开家庭"一级会议"，这是我和老公的玩笑词，一级表示十分重要，国有国法，家有家规，家庭会议也有重要和不重要之分，买套房子至少也要几十万元，这是我家的头等大事了。

　　"老公，我以前看电视，总是看到有钱人家住在那别墅里，女主人洗完澡穿着真丝睡袍，然后擦干头发，斜倚到沙发上喝杯红酒，哎，那才叫生活啊。我什么时候能有那种生活呢？"

　　"不就是洗完澡喝杯红酒吗？我明天就可以满足你，老婆，我明天去超市买瓶红酒，你就在咱沙发上，让你感受一下有钱人家生活的状态，怎么样？"

　　"老公，我强调的不是红酒不是沙发，是别墅！"

　　"老婆，那种别墅咱住不得啊，你看咱家也不喜欢多个保姆，毕竟是外人嘛，不方便。可是你胆子小，你可记得，多少冤魂都是在别墅里啊，你以前看的那些恐怖片，那不都是发生在大别墅里啊。你忘了，一个美女在房间里照镜子，照着照着镜子里的脸开始一块块被撕烂，

美女大声哭喊，然后镜子里伸出一只手，一下子就把她抓走了。你忘了？"

"天哪，这半夜的别给我讲这个，呸呸呸。"

"所以，咱们还是买套商品房，有个卧室、客厅、厨房和卫生间就可以了，要那么大的别墅干嘛啊？养鬼啊？咱可没那闲钱。"

"没那闲钱是对，"我撇了一下嘴，"没办法，谁让我没生在帝王世家呢，或者生成个富二代也行啊，出门有个宝马奥迪接驾的，也不愁这房子问题了。"

"好了，老婆，咱们这是家庭会议，不是怨恨大会。咱还是现实点，讨论下买套多大面积、几室几厅的住所吧。"

说实话，目前儿子被婆婆带回山东老家养了，我和老公在这租房子，两个人其实买套50多平方米的小户型就足够，但是儿子不会长久待在山东，儿子过来了，婆婆要照料她孙子，自然也会过来，到时候小户型就肯定不够了。小孩子长得快，一年一个样，以后年龄大了，必须给他自己留一间房间独用。而以后我们在郑州安家了，公公婆婆肯定是要过来的，总不能让老人家睡客厅啊，那就必须有三间卧室，三间卧室的话至少也要七八十平方米了，而且还是小户型。但是即便如此，因为我们没有太多积蓄，只好买一套三室一厅的小房子，价钱在60万元以内，如果再贵的话，那就实在承受不住了。

"那我们就把目光锁定在60~90平方米之间，价钱在50万~60万元之间？"

"好，那我们这周周末就去看看。"

晚上散步的时候，我看到附近有二手房出售的信息，就进去看了一下。我发现买房子的时候，自己辛辛苦苦赚来的钱简直就跟不是钱一样，动辄就要七八十万元，好不容易看到一套29万元的，一看是一室一厅，精装的，拎包即可住。

中介人员非常热情，一直问我想买几房的，什么价位的。

我一一应对着，然后一直看着其他的信息，好不容易看到一套40多万元的三房，赶快喊来老公一起看。

我看到上面清楚地写着三室两厅，但是一看年代，我不禁泄气了，那是1988年的房子，不用多想，肯定是旧得不成样子了，怪不得和别的比起来，这么便宜。我看了一会，觉得身心俱疲，再也不想研究下去了，只好和老公悻悻地回家了。

回到家里，我依然不死心，在网上搜索有关房屋的信息。

因为我和老公都在金水区上班，所以我们买房自然要买金水区的，郑州市说大不大，说小倒也不小，如果我们在中原区买房，市中心肯定是没什么新楼盘了，那么肯定是非常靠西，如果这样的话，我们上班花在路上的时间就足够折磨死人了。

搜索了很久，我发现三室一厅的房子基本都是七八十万元，我那原本的打算恐怕是不行了，光在网上看还不行，真正买房子，要去各大售楼中心看看。

我和老公到了一处售楼中心，漂亮的售楼小姐接待了我们，拿出宣传册让我们看样板房，问我们想要高层还是低层。我没想那么多，我觉得只要房子物美价廉，高层低层都可以的，售楼小姐似乎一下子看出了我的心思，又一一给我们详细地讲解高层的好处，低层的好处，还有这个楼盘的采光如何的好，而且是大楼盘，可以放心质量，等等。

我听得都有些头疼了，售楼小姐还是不累，依然兴致勃勃地讲解这些房子的细节问题，并问我们今天要不要交定金。

啊？哪有这么快？！我们这才是第一站！再看看吧！

到了第二家，过程差不多，我怀疑是不是所有的售楼小姐都接受过一样的培训，甚至连笑的那个表情，都是经过训练的，露出八颗牙齿，笑得那么端庄。我看到给我介绍的这两个姑娘用的都是

iPhone4S，想必楼房涨价，这些售楼小姐的生活也是节节高吧，都用那么好的手机，都是做销售，人家的销售做的可是真不错呢。

看了第三家、第四家、第五家……

看完第五家，我再也不想到下一家去看了，倒在附近公园的长椅上，直发感叹！

2003年我来郑州上大学时，对郑州市的市民状况一无所知。当时的交际圈子小，以为自己是学生，郑州应该到处都是学生，根本不知道郑州市民长什么样，可是，眼下，这么多的高楼居住的原来都是郑州的市民，而我却是一个伪郑州市民。我想起当年我们的老师，他们多好啊，他们那个时候学校还可以分房子，好歹分一套两室一厅，也比我们这漂泊着、居无定所强多了，在郑州这么多年，连自己的安身之处也没有，我心情一片惆怅。

一边的李浩看出了我的不快，急忙安慰我："老婆，房子会有的，你千万不要灰心，你要是累的话，我找朋友一起看房子，一定要在2012年元旦节以前给老婆把房子定下来，好不好？"

好吧，也许上苍还算眷顾我，我还有我的老公，还有我的父母，我的父母虽然没有帮我太大忙，但是他们从来没有从我身上索取过什么，而且他们的生活安逸，身体健康，这已是上天对我最大的恩惠了。

回到家里，由于太累了，我没有和老公总结今天的买房经验，匆匆地洗完澡就睡下了，第二天是周日，我们还要接着看。

第二天出发前，我计算了一下我的资金和昨天售楼小姐给我讲的一些分期付款的方法。我目前只有10万元的积蓄，而在山东老家的房子，老公是不会卖掉的，如果我们拿这10万元去买至少70平方米大的三房，首付也太少了点，首付付得少，就意味着我和老公要还更多的房贷，而银行利息的上涨又会直接影响到我们的房贷。总之，如果我们只支付10万元的首付，那么就可能买不到房，即便买到房，那么以后的日子也要勒紧腰带还房贷。

但是不管怎么说，能成为房奴，也是我和老公很大的期盼。

不是有那么一句话吗：有情人终成房奴，有房人终成眷属。

我和老公能当上房奴，说明我们买到了自己想要的房子，也算是我家的一件大喜事了。

但是钱不够，怎么办呢？

老公思考半天说决定和朋友借几万元，可是眼下我们的朋友都是二三十岁，谁能有这么多钱呢？向父母借吧，可是父母把自己养活这么大，辛辛苦苦挣的养老钱，自己又怎么好意思开口成为啃老一族？

那怎么办呢？现在虽然缺的不是一文钱，但是也感受到了一文钱难倒英雄汉的痛楚了。

那么就拿着这10万元碰碰运气吧，即使以后生活得苦一点，也不能再去烦扰老人了，更何况老公的父母也没有多少钱，我的父母，我是不忍心再要他们的养老钱了。虽然爸妈只有我一个女儿，但是只要他们不开口，他们的钱就和我没有关系，所以我还是要靠自己。

我和老公又去转了大半天，情况依旧和昨天差不多，现在的我满脑子都是房子，看见"房"这个字，我就要留神看看有没有卖房子的信息。

后来，我和老公商量要不要去看看二手房，兴许，二手房会便宜点。

这时，我想起我有一个高中同学晶晶前些日子在华山路那边买了一套二手房，我可以问问她有关的情况。

于是我赶快拨打了晶晶的电话。

晶晶说："翩翩，我告诉你，买房一定要买毛坯房，就好像男人挑女朋友时一定要看看卸完妆是什么样一个道理，有些房子，你看着装修得很好，其实质量差得很，这都是我买房总结的经验，血淋淋的

教训。"

"怎么回事呢，晶晶？"

"我和老公当时也是对买房一无所知，就看着人家装修得好，墙壁粉刷得白，家居用品都弄好了，真的是拎包即可居住的那种，当时我们很傻，也没好好打听，一激动就付钱了，后来才知道，原来这房的质量非常差，以前屡出质量问题，上个买家还和房地产公司打过官司，房产公司为了掩人耳目，在装修上下了点功夫，就骗住了我这样的善良人。真是可恶至极了。"

"啊？原来卖房的人这么邪恶！"

"那是，你交定金前千万要打听清楚，并列好协议，一定要保护好咱自己的权益，咱这平民百姓挣钱不容易，不能让那些奸商把我们的钱掏走啊。"

晶晶的话很有道理，那我们还是去看看毛坯房吧，前车之鉴，我要是看看装修前什么样子才放心住进去。

终于，我找到了一套自己很喜欢，老公也很满意的房子，在12楼，是挑高的小户型，而且是小复式，楼下是68平方米，刚好是买一送一，买楼下的68平方米，送楼上的面积（楼上是没有68平方米的），但是怎么装修可以依自己，自己想多做几个房间也可以，只要不违反房产公司的装修规定即可。

我暗自盘算了一下，68平方米的价格住到130多平方米的房子，而且以后的物业费也是按68平方米计算，真是划算呢。

售楼小姐更是会说话："先生、太太，你们来的真是时候，我们的房子卖得特别火，您要的这套房子本来有一位顾客已经定下来了，但是因为一些其他原因，他没要，现在就剩这么一套了，您来的真是太是时候了。"

我心里暗说："那就这套了，真是和我有缘分的房子，就等着你的主人来了。"

　　我和老公上楼去看了下房，发现房子还是有不佳之处，这套挑高的小户型房子类似于别人的写字楼，每层中间有一个长长的走廊，南北分开，我想买的这套是位于此楼的西北角，北面的房子是看不到太阳的，我一想到我这么怕冷，那么这房子，我还怎么能要呢？

　　但是售楼小姐依然很热情地说："西边这边楼上楼下还有两个窗子，还是不影响光线的，而且楼层高，阳光还是很充足的。"

　　我犹豫了很久，还是放弃了。我是一个怕冷的人，小区短期内装不了暖气，冬天没有太阳我是没法过的。

　　真是一场欢喜一场空，但是买房子是要花费几十万元的，我还是要加倍小心，买房子就像找对象，自己需要房子，卖房子的人需要买房人，可是两人没缘分见不着也没办法。

买房，不得不提的那些事

接下来的日子依然是为买房子忙碌着，看了很多房子，新房旧房都看了，报纸、网络和新闻都不放过，但是还是没定下来。

这时，我以前居住的小区值班室的张姐给我打电话，问我最近买到房没有。张姐四十多岁，典型的市井百姓，而且是个老郑州人，我以前在那个小区租房子时，经常出入时和她打个招呼。张姐人倒是很和蔼，只是喜欢和其他妇孺们谈东家议西家，方圆几里有什么消息她都像个喇叭一样扩散，不过她也有她的可爱之处，就是爱操心，谁家有个什么事她都喜欢帮忙，只是每次帮忙后别人必须给她点恩惠，不然下次她就不主动帮了。

我知道张姐的脾性，一直和她保持着不远不近的距离，而我这人也算是个慷慨的人，知道张姐社交广，进了保险公司后，公司若是有什么小礼品之类的，我都会给她送去，她自然把我当自己人，有什么事求她帮忙，但凡是她能力范围内的，她也从不推辞。

这次她给我打电话，不知有何贵干。我说："正找着呢，张姐，莫不是你那里有什么好的房源？"

"不是啊，翩翩，我这边都是二手房，我估摸着你和李浩那孩子也看不上，我只是提醒你，买房子一定要打听清楚，前不久我听说一个小区里有套房子，位置和装修都极好，只可惜夫妻不和睦，男人常常夜不归宿，女人百般劝阻也没有结果，有天晚上两点多男人在小区内打了女人一顿，就一个人跑了，这女人受不了，就在屋里割腕自杀。那房子可是没人敢要啊，你想啊，里面死过人的，而且是死于非命的年轻女人，太恐怖了，那幢楼都好一阵子邪乎呢，所以我好意劝劝你，买房子之前一定要打听清楚。"

一番话说得我目瞪口呆，我自幼胆子就不大，哪受得了这等惊吓，极度惊恐地回张姐："太谢谢你了，张姐，你这一说，我还真是要擦亮眼睛，千万不能因为太着急买房子而买到了那种晦气的房子。"

"嗯，我就是这个意思，凡事别着急，慢慢来，总会找到合适的呢。"

"另外，翩翩，我再提醒你一下，买房子时最好买大楼盘，一般来讲，楼盘比较大的，设计比较合理，产权纠纷比较少，物业的服务也比较正规。我有朋友就在这方面吃了很大的亏，当时因为不懂，买了一套房子，是随便挑的一个小楼盘，后来买了之后，发现前面那个楼把自己的阳光全遮住了，自己本来买的30平方米的大阳台，被前面一排的楼房遮得严严实实，真是气愤。而且那房子是小产权房，买了5年了到现在没拿到房产证，但是价钱一点也不便宜，每平方米还是6000多元。物业服务非常差，一点也不正规，经常从其他方面克扣业主，真是令人气愤！"

"是吗？天哪，没想到买房这么多讲究呢。"

"里面的学问大着呢，我虽然没有你学问大，但是买房这方面你听我的就没错了。还有，买房之前一定要问清楚，别不小心买到了商租两用房，那些商户人来人往的，鱼龙混杂，很不安全，一定要问清楚，要买就买专门居住的小区。"

"张姐，你真是我的买房顾问，说的每一句都是金玉良言，我真

恨不得用笔记下来。"

"哈哈，看你说的，我也是年龄大些，了解得多一些，再说你平时老是送我一些小礼品，你买房我给你出点主意也是应该的嘛。"

张姐的话让我更加坚信，买房子还是应该去好的楼盘，看毛坯房，自己装修，坚决不要二手房。

我和老公为了买房子，真是没少奔波，我们虽然把目标锁定在金水区，但是有时候去郑东新区或者西边的高新技术开发区办事情时，我们只要看到有售楼处就忍不住进去打听打听，总以为郑东新区环境好，房价贵，涨到了1万多元，没想到高新区这边的美景菩提，一开盘也是7000多元一平方米，总算发现了，买房子时的钱真是都不是钱了，自己为什么总是攒不够买房的钱？

后来，经历了很多次看房之后，我和老公找到了一套很满意的房子，这是离我上班和老公上班的地方都不远的一个楼盘，房子面积96平方米，另外赠送一个59平方米的大露台，房子每平方米6000元，一共是57.6万元。我看着这么大一个露台，心想若是以后年老了和老公一起在露台上放个摇椅，就真是应了那句歌词"我能想到最浪漫的事，就是和你一起慢慢变老，一路上收藏点点滴滴的欢笑，留到以后坐着摇椅慢慢聊"。我觉得这套房子真是很好，而且向阳，我可以把96平方米的住处分割成三室两厅，以后公公婆婆来了有地方住，儿子也有单独的房间，价钱50多万元，还算可以接受。

一切满意，那就等着去付钱了。

漂亮的售楼小姐告诉我们："首付至少要15万元，以后的可以按揭还，每个月还多少要看个人的收支水平。"

"15万元？首付10万元可以吗？"

"不好意思，这个不可以议价的，这是我们的规定。"

"那这样吧，我现在带的钱不够，我回去再考虑一下好了。"

"女士，您可以交付一部分定金，这样我们就会为您把这房子留着，你可以在规定的期限内把剩余的首付钱带过来，您觉得如何？"

"这样也好，那需要多少定金呢？"

"您先交5万元吧，您觉得怎么样？"

老公这时插了一句话："如果万一我们没有按规定的时间交齐首付，那么我们的定金是不是可以原数退回？"

"对不起，先生，不可以的，如果您交了定金却没有买房子，那就等于耽误了我们卖房子的最佳时期，那么您是要赔付的。"

幸亏老公多问了这一句，这么重要的事我竟然都忘记问了。

"那么赔付多少？"

"这个……呃……先生、女士，你们既然交了定金，想必是喜欢这套房子，那定是要买下来的，资金的事你们可以尽快凑齐，我们也不希望赔付的情况出现的。"

售楼小姐说话倒是很委婉。

但是我并不能保证我一定可以凑到那5万元钱。

我想到了山东老家的小户型房子在那里搁置好几年了也没租出去，有时候老公的亲戚去县城会在我们那住上一阵子，房子放在那里真是浪费，这边又付不起首付，我们还不如把那边的房子卖掉，拿到钱付了这边的首付。

于是，我和老公商量："要不，老公，我们把山东老家的那套房子卖掉？"

老公沉默了。

其实我也知道老公的难处，老家那套房子是我公婆他们攒了一辈子的钱买的，现在月供还没付完，当初装修那套房子的时候，公婆花了很大的功夫，房子装修得也很漂亮，但是因为我和老公都在郑州这边上班，那边的房子利用率非常低。

　　但是，即便如此，公公婆婆还是不愿意把他们的房子卖掉，因为在离他们最近的地方，有一套自己的房子，他们感觉很安心。

　　虽然这套房子说是给老公买的，但是房产证上写的是公公的名字，老公其实没有权利擅自卖房。

　　之前提过一次卖掉那边房子的事情，但是婆婆说什么也不同意，后来就没有再提。

　　现在，我们看好了房子，可是首付却不够，那边的房子到底要不要卖？

　　老公没有回答我的话。

　　但是房子已经看好了，不买的话，说不定过段时间房价又会涨，这个价钱买不了不说，想买套称心的房子也没那么容易啊。

　　这时，我妈给我打电话，问我和李浩在干吗，想晚上一起吃饭。

　　我只好如实相告，我妈妈一听就要和我爸爸一起赶过来帮我们看房子。

　　那也好，先让两位老人帮忙参谋一下也好，我爸爸是个很有主见的人，说不定他可以给出什么中肯的意见来。

　　很快，我爸妈到了。他们看了房子，觉得还不错。

　　我不得不把首付的问题告诉他了，我爸看了一眼李浩，叹了口气，其实我知道，我爸爸当初在我出嫁时给我钱就是希望我可以在这些重要的家庭问题上能用到，可是我却偷偷地把那些钱拿去给公公婆婆，帮他们还掉了买房子付首付时欠别人的债。

　　我爸爸也很喜欢这房子，看到女儿喜欢的房子却买不起，很是心疼。

　　于是，我爸爸就出资5万元，让我赶快把首付款交了。

　　真是又惊又喜，我和老公喜出望外，但是我们还是不忘对爸爸说："以后我们一定会还给您的，爸爸，我知道您的养老钱也不多，我们不能这么不孝顺，用您的钱。"

　　"哎，自家女儿，这么见外干吗？以前不给你们钱是因为怕你们不知道金钱来之不易，担心你们不懂得珍惜，等你们真正需要钱了，我们当家长的哪有坐视不理的道理？"

　　我们交完首付款，就满心欢喜地回家了，李浩也告诉了他父母我们买房的好消息。

第12章

装修原来可以这样省钱

富老公省钱富老婆

Fulaogong Fulaopo

房子买好以后，装修就是头等大事了，而我对装修却一无所知。不过自己一旦亲手布置了之后，就会对装修有所感想，房子交完首付款以后，我和老公就开始忙活装修的各种事宜了。

我和老公凑装修钱

　　说到装修，需要钱是情理之中的，我和老公不能在毛坯房里生活啊，眼看着买到了自己想吃的肉，但是拿回家才发现家里没有做菜用的锅碗瓢盆，只能这样眼看着垂涎欲滴了。

　　我愁眉苦脸地向老公求助："老公，咱这怎么办呢？我本想着装修的时候问下我爸爸，借点装修钱，可是我们买房的首付已经用了我爸爸5万元，我实在是开不了口再问我爸要装修费了，再说这装修房子也不是买东西，不能刷信用卡啊。"

　　"老婆，再好好想想哈，车到山前必有路，我们可以去借点钱嘛。"

　　"可是一旦装修起来，最简单的装修起码也要5万元以上，我们去哪里找这些钱呢？"我有点沮丧，看着这房子，想到别人都可以把钱甩给装修公司，然后看着图纸就回家凉快，全权托付给装修公司，只等几个月后住进新房子就可以了，而我们却不能做到那么潇洒。

　　老公看出我的不高兴，安慰我："老婆，其实我们已经很不错了，你看我俩毕业后，没有像一些不懂事的年轻人那样啃老，而且我们凭着自己的努力，攒了10万元，其实也不少了，我才29岁，你才27岁，我们就买了房子，更重要的是，我们没有用父母的钱。"

"啊？我爸爸那5万元不是父母的钱吗？"我睁大眼睛打断了他。

"口误，口误，是用了你爸爸一部分钱，但是我们自己不是还出了10万元吗？而且我们没有偷没有抢，没有做违法生意，就是靠着自己一点点耕耘到现在，家庭美满，生活幸福，缺钱以后咱可以挣嘛，再说，你之前做的那个梦，不是说以后咱还可以飞黄腾达的吗？你还焦虑什么呢？这都是过程，过程！"

我想起那个梦，我40岁挥金如土的样子，但是我也想到我65岁那落魄的样子，又不高兴了："别提那个梦，我可不希望老年悲剧。"

"呵呵，好，不提，不提。我明天去找我经理，先把我下半年的工资预支出来，有4.8万元，如果还不够的话，我再去找其他朋友借点，这不就够了吗？"

想想也是，老公现在工资每月8000元，半年就是4.8万元，如果再稍微找朋友借点，那就5万多元，这几个月的花销就省着点，先花着我的工资，看来生活还是挺美好的，呵呵。

那就这样说定了，我就等着老公的钱来了，然后我会付出十二分的努力，好好装修我未来的房子，我的家，哦，我来啦。

我先是给好姐妹娇娇打了个电话，她最近去了香港，她那个所谓的有妇之夫的男朋友曾经送给她一套房子，也是毛坯房，这个懂得计算钱的女人当然不会让房子晾在那里，我先问问她是怎么装修的，但电话打过去很久没人接。

过了半天，她回复过来，说刚才在LV店里血拼呢，那里的人太多了，买个包还要排队，没来得及接电话。

这个女人，真是个消费狂，一买就是香奈儿、LV，不过还是言归正传，我问她："我刚买了套房子，我想问问你是怎么装修的，装修要注意点什么。"

她明显还在街上，那边声音很吵，我断断续续听到她说话："那房子我没管，交给我楼下一个哥哥帮我装修，那个哥哥人不错，是开美发店的，开了好几家连锁店呢，我给他4万元，让他看着帮我装了。"

看来在她这里还真的得不到什么中肯的意见，老公在旁边嘲笑我："我早就说过吧，娇娇就不是个靠谱的人，你说装修那么大的事，她就交给开美发店的男人管，人家会给她上心吗？估计这房子装修好了她也不住，肯定是转手卖掉或者租出去，她才不会费心思，她的心思只在购物上。"

"你懂什么，她有她自己的打算，别再说她了，她也挺可怜的，她那个男人看着挺有钱，给她很多东西，但是给她的卡只能消费，不能提现的，你看我们出去吃东西喝东西她都是刷卡，但是实际上她没有多少钱的。"

"那不和电视剧《夫妻那些事》里的安娜一样吗？切，是不是有钱的男人都这样啊？如果以后不和她结婚，她怎么向她未来的老公交代啊？难不成说这是我做别人二奶时，那个有钱的姘头送的？"

娇娇的人生确实和别人走的不太一样，不知道是不是因为她长得太漂亮，才被这个有钱的男人看上，才造成这样的后果，但是她自己也有责任，毕竟外因是通过内因起作用的。我想到了以前我们学校那个艺术设计学院的美女，不知道她的结果是怎么样？但是我知道她不会甘心嫁给一个普通的老百姓，过平淡的生活，那么平淡生活的各种酸甜苦辣她也是品尝不到了。

算了，也不知道娇娇装修的几万元哪里弄来的，这个女人身上有太多的谜，我猜不透，也不用费脑筋去猜了，还是装修自己的房子重要，我还是再多方打听打听好了。

我想到了我爸，我们在郑州的房子，也是我爸爸亲手装修的，装得十分别致，而且是很流行的田园风，墙上的各种印花还有整个设计，都很美观而且简洁，看来我还是要请教一下我爸了。

量入为出，精打细算我家的装修钱

　　我在网上查了一些关于装修的知识，我有这样的习惯，做什么事情都要提前做好功课，不然就算是问起别人来，别人说的一些专业术语自己还是一片茫然，看了很久，心里有了底，然后再咨询爸爸。

　　爸爸最近正好不在郑州，去了外地，他只好在电话里嘱咐我几句："也不是不让你们请装修公司，请装修公司是省事，但是不省钱，自己操点心，购买材料什么的都上点心，好好货比三家，买物美价廉的，建材市场的一些商家特别黑，你一定要多比较。其他有什么事情再打电话问我。"

　　我思考了一下，其实房屋的构造已经大致确定，装修公司也只是按构造设计，还不如自己按照自己喜欢的样子设计，只要水电之类的东西按规定走，想必也不会出什么大的差池。

　　首先，我根据我和老公的生活习惯，对所有的房间做了一个前期的设计，并且对所有的房间进行了一次详细的测量，测量的内容有装修过程涉及的面积，特别是贴砖面积、墙面漆面积、壁纸面积、地板面积，明确主要墙面尺寸，特别是以后需要设计摆放家具的墙面尺寸，以便于买材料时先计算一下大概的用量。

　　我忽然想起装修还要考虑风水的问题，我这个人虽然当了很多年的中共党员，但是对神佛之类的还是很有敬意的，抬头三尺有神灵嘛，而且我觉得我这也不算是迷信，顶多就是一个信仰吧。我记得在看香港TVB的电视剧时，那些警匪片里的警察局都摆着关二爷呢，而且很多上班的人进去后都先烧香拜一下，我这个信仰也不过分，我要拜财神爷，那么我家的客厅里自然要保留一个财神爷的供位了。

这几天我的工作都暂时搁置了，除了每天的晨会我按时参加，一到11点结束开会，我就飞奔回家，看设计图、看装修注意事项，我一定要亲手打造一个老公、儿子和我都满意的别样居所。

其次就是主体拆改了，进入到施工阶段，把工地的框架先搭起来，主要包括拆墙、砌墙、铲墙皮、装塑钢窗等。这些需要施工工人亲自安装，我不敢有所懈怠。当时的天气已经开始转冷，看着工人弄这些东西，浑身脏兮兮的样子，我深深发现，真是三百六十行，隔行如隔山，我对这些可是一窍不通。各行工作都不容易，像这些工人，他们每天都是如此，但是他们这么努力也没有给自己在省会城市买上一套房子，真是"苦恨年年压金线，为他人作嫁衣裳"，但是我也是一个弱女子，也拯救不了什么，还是希望自己的房屋能装修得实惠美观一些。

接下来是水电改造，在水电路改造之前，主体结构拆改应该基本完成了。在水电改造和主体拆改这两个环节之间，我看网上的劝诫说还应该进行橱柜的第一次测量。其实所谓的橱柜第一次测量并没有什么实际内容，因为墙面和地面都没有处理，橱柜设计师也没有给出具体的设计尺寸，而只是就开发商预留的上水口、油烟机插座的位置，提出一些相关建议。主要包括：油烟机插座的位置是否影响以后油烟机的安装、水表的位置是否合适、上水口的位置是否便于以后安装水槽。等水路改造完成之后，紧接着就把卫生间的防水做了，而厨房一般不需要做防水。

接下来就是要请木工了，我不知道哪里的木工好，有朋友介绍了

几个，我也不是太满意，后来看到我对面的新邻居家有个木工，看起来人挺老实，说话也很亲切，我在他们装修的时候去参观过几次，对面的小夫妻和我们差不多年纪，因为他们都在医院上班，工作忙，就交给装修公司全权负责，我只见过女主人一面，很温和的一位女士。

我看到他们家的木工做事挺沉稳，就问他，他说得头头是道，他告诉我们说："其实像包立管、做装饰吊顶、贴石膏线之类的木工活，从某种意义上说也可以作为主体拆改的一个细节考虑，本身和水电路改造并不冲突，有时候还需要一些配合。"

我和老公商量着，要不就找这位木工好了。

木工、瓦工、油工是施工环节的"三兄弟"，基本出场顺序是：木——瓦——油。基本出场原则是——谁脏谁先上。后来我才了解到"谁脏谁先上"也是决定家装顺序的一个基本原则之一。

再接下来就是贴砖了，瓷砖我决定亲自和老公去建材市场挑选，我和老公比较了很久，又打电话给专门贴瓷砖的姑父，让姑父帮我们亲自挑选。

姑父正好在郑州干活，他很快就赶过来了，姑父告诉我："孩子，你找我真是找对人了，我贴瓷砖十年多来，如果大学里面有贴瓷砖这个专业，我都可以当教授了，你们年轻人流行的，你表弟经常说的什么骨灰级人物，我可能也算是瓷砖行业的骨灰级了。"

呵呵，没想到将近50岁的姑父还这么幽默，但是贴瓷砖是种高危职业，等我的装修忙完了，一定要劝说他在我这里买份保险，我心里暗自想。

姑父帮我真是尽心尽力，他陪我和李浩在建材市场转了一下午，终于选到了价格不贵，而且质量靠得住的瓷砖。贴瓷砖的活姑父就不让我再找别人了，他带着几个兄弟用几天时间就把我家的瓷砖铺好了，顺便把过门石也装上了。我真是太感激姑父了，发现亲人就是亲人，以后我有时间真的要多去看看姑姑和姑父才好。

再后来就是买地漏、油烟机，这些我都是经过多方打听，在网上又细心查价格，亲自挑选出来然后让人安装上。

接下来就是刷墙面漆，主要完成墙面基层处理、刷面漆。因为我准备贴壁纸，因此在计划贴壁纸的墙面只做基层处理。

在厨卫吊顶的同时，厨卫的防潮吸顶灯、排风扇（浴霸）我也和老公在建材市场细细比较买好了，我们把厨卫吸顶灯、排风扇（浴霸）同时装好，木工说要留出线头和开孔。我也不太懂具体原因，但是我觉得听木工的话应该没有错，就按他们的经验照办好了。

吊顶搞好后，可以约橱柜上门安装了。橱柜安装得还算顺利，一天的时间就完成了。同时安装的还有水槽（不包括上下水件）和煤气灶，橱柜安装之前，我听取专业人士的意见，协调物业把煤气通了，因为煤气灶装好之后需要试气。

接下来是木门的安装，在橱柜安装的第二天，也是用了一天的时间就顺利安装好了木门，装门的同时把安装的合页、门锁、地吸都准备好了。这些都是我和老公在五金厂购买回来的。

木门安装好之后，我请姑父帮我家安装地板，姑父很爽快地答应了，他用了两天时间把地板全部安装好了。

在地板安装好的第二天，装修已经渐渐看出成果了，但是革命尚未成功，同志更需努力，接下来就是约壁纸铺贴和散热器安装。

之后是开关插座安装，这个是需要特别注意的，我实在不愿意看到因为插座没装好，以后家里拉拉扯扯都是电线，那对儿子和老人也不安全，所以我提前对家里各个自然间的开关插座数量、位置等问题做了一个详细的了解或者记录。

再后来是灯具安装、五金洁具安装，当这些东西装完后，我看着水龙头里哗哗哗淌出来的水，心里真是兴奋，好比自己辛辛苦苦的复

习，终于取得了好成绩。坐在新装的马桶上，我忍不住高歌一曲，这个马桶，也是我和老公在建材市场挑选了半天才买回来的呢。还有旁边放卫生纸的盒子，一个盒子50元呢，我就是看上这个镀金的小盒子了，高贵，50元就50元吧。

最后把窗帘杆安装好，我们的装修工作基本上告一段落了。

在保洁和装窗帘之前，我又特意给我妈妈打了电话，问问到底该先让人打扫还是先装窗帘，妈妈说："先让别人打扫，在打扫时，家里不要有家具以及不必需的家电，要尽量保持更多的'平面'，以便保洁员能够彻底地清扫。"

同时，我让老公和我一起去挑选窗帘，但是老公正好公司有事去不了，好在他对这些并没有什么要求，向来这些与美有关的东西都是我说了算，我就约上嘉惠一起和我去挑选窗帘。

挑选了很久，窗帘既要和我家的整体风格相配，又不能太贵，我也想买那些看起来很高贵典雅的窗帘，但是无奈那样的窗帘看着上眼，价钱也是极高，后来我还是挑选了天蓝色的窗帘，因为我很喜欢这个颜色，看起来很干净，而且屋子里也不会显得太黑，像蓝天白云一样。窗帘要一周才能做出来，我交完定金就先回家了。

新家当然要配备新的家具，我和老公又去买了家具、家电。此时我想提醒大家的是，买家具、家电时一定要提前测量好房屋的尺寸，别等到买回来了一看家里放不下就悲剧了。这和买那些建材一样费心，要精挑细选，沙发、床、柜子等都要严把质量关，不能贪便宜买一些劣质家具，不然的话会后悔。但是也不能觉得贵的就一定好，还是那句话："货比三家不吃亏。"多方打听，多比较，练就火眼金睛以后，挑选出适合自己的家具。

对于家具配饰，我当然不会简单敷衍，我把每一个房间都装扮得十分温馨，就是要这样，每次下班后，一推门就觉得温馨备至，家才是自己避风的港湾。儿子的房间是最漂亮的，贴了星星月亮的壁纸，有小书桌、台灯，以后儿子回来以后，我会给他买更多的玩具，让他在和美的家庭中健康成长。

我家还有一个几十平方米的大露台，我以后会多弄些花草，买个烧烤架，请朋友一起过来吃烧烤，热热闹闹，多开心。还有老公的心愿，买个摇椅，傍晚的时候一起坐在露台上看夕阳西下，我们不用去爱琴海了，在自己家里也可以坐着摇椅慢慢聊。

房屋装修完，我大出一口气，终于可以休息下了，整整两个月的时间，我和老公东奔西跑，现在装修完了，真是觉得累啊。这个房屋的每个角落都是我和老公的心血，我们没有交给装修公司，而是自己亲手把关，买东西也是尽量物美价廉，整个装修下来，一共花了大约6万元，但是我们装修得这样完美，如果交给别人，至少也要10万元，我和老公的辛苦，整整为我们节省了4万元，更何况自己把关，住得也放心。

装修的时候一直跑来跑去，心里只有装修这件事，倒也没觉得太累，现在把一切做完，终于可以休息下了，才发现这两个月来，我真是憔悴了很多，那时候每天晚上一回到家，倒头就睡，累得连做面膜的时间也没有，现在看着新房子，心里真是很欣慰。

新装修的房子晾三个月就可以住进去了，我终于可以把儿子接回来了，很久都没有见到儿子，真是太想念他了。

第13章
为宝宝"理"未来

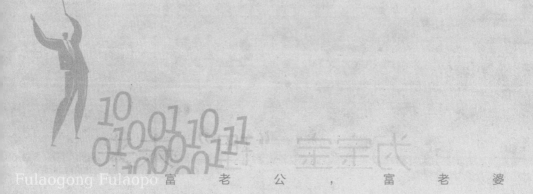

　　经过买房装修之后，我也算是一个在郑州市有房的人了，毕业这几年来，我从消费无节制到如今的精打细算过日子，也算是一个称职的家庭主妇了。但是我觉得对不起我的儿子，因为我没有给孩子一个好的成长环境，儿子总是在山东和河南之间来回奔波，而且他还那么小，想到儿子我心里就特别难过，我已经很久没有见过儿子了。

十月怀胎，当娘才知生养孩子的苦

儿子的出生并没有在我和老公的意料之中，在我们还是租来的房子里，儿子度过了他的一周岁。我们又何尝不想让儿子一出生就得到最好的照顾呢？可是心有余而力不足，我只能尽我自己最大的能力给儿子想要的一切。

在没有儿子之前，我对小孩是没有什么好感的，虽然有时候也会觉得别人家的小孩很可爱，但是毕竟是别人家的，自己再喜欢顶多也就是多看两眼，没有任何想抱抱他、逗逗他的欲望。然而，有了儿子之后，一切都变了，我忽然对孩子有了一种莫名的喜欢，每当看到大街上的小孩子，就忍不住摸摸他的头，逗他玩一会，简直有点母爱泛滥了。

怀着儿子的时候，我就在想，虽然我现在还很普通，生活水平很一般，但是我一定要加倍地努力，让我的孩子有好的成长环境，接受很好的教育，说话做事看起来都是一个有素质的人，坚决不能让儿子成为一个满口脏话、不懂规矩的俗人。

在十月怀胎的过程中，才知道当初自己的妈妈生养自己有多么的不容易，有个笑话说："你知道你自己有多么恶心吗？当你妈妈第一次感觉到你的存在的时候，她就恶心得吐了。"

虽然这只是一个笑话，但是从第一次妊娠反应，到肚子渐渐变

大，到后来感觉到第一次胎动，知道孩子在里面手舞足蹈，再到出生，这期间，母亲的难、母亲的不易，也只有自己做母亲时才能感觉到。

我刚怀孕时还在郑州，由于我偏瘦，怀孕4个月的时候肚子也不算是太明显，坐公交车甚至还有人让我给其他的孕妇让座，我满腹委屈，不是我不懂礼貌，不想给别人让座，主要是我自己也是孕妇啊。

瘦的孕妇真是伤不起。

怀孕第5个月的时候，晚上掀起衣服，看着圆鼓鼓的肚子，就猜测到底是男孩还是女孩，别人说酸儿辣女，我这么爱吃酸的，那也许是个男孩吧。还有人说怀男孩孕妇的皮肤会变差，因为男孩把孕妇的营养都吸走了，而怀女孩则皮肤会变好，原因不知道，也许是女孩一般都比较细腻温和吧。而当时由于怀孕期间我停用了一些化妆品，只用了最基本的爽肤水和乳液，再加上我皮肤本来有点偏黄，因此看起来也是很没有生机，但这也不能就断定是男孩啊。

后来去医院，医院也不给照是男是女，说是有规定的，不给看。

我又翻出别人用来计算生男生女的清宫图，推算到最后，看是男孩，满心欢喜，希望以后可以生出一个小帅哥，但是这东西毕竟不能全信，是男是女都是自己的孩子，只要用心疼爱就好。

怀孕5个月后，由于我在郑州无人照料，我妈妈还在上班，爸爸生意忙，而公公婆婆在山东相对清闲些，我只好坐车回山东，和婆婆一起生活。

然而儿子还没有足月就出来了，因为在生儿子的前一天，老公的姐姐去我公公婆婆家走亲戚，晚上要住在家里，我担心被子不够用，就自己动手把那上次缝了一半没缝完的被子缝好。孕妇真是不能干活，我缝了一会就觉得很累，体力有点不支，还差一点就缝完了，我想再坚持一下好了。可是我的肚子突然痛起来，后来越来越痛，我实在忍受不了，就喊来婆婆和老公的姐姐，她们担心我可能是要生了，就赶快打电话找人把我送到了离家最近的医院。

在我痛了7个小时以后，终于决定剖腹产生下儿子。

儿子出生了，我真是倍感欣慰。

爱儿子，总希望给儿子最好的

我从没想过我会如此地喜欢小孩子，儿子出生后，我真是百看不厌，觉得这世界真是太奇妙了，精子和卵子结合，就生下来了一个小孩子，而且孩子会慢慢长大、变老，自己就成了奶奶或者外婆，我的生命好像就这样延续了下去。

但是刚生完儿子，有很多时候，我都觉得，这身边的小家伙是从哪里来的呢？他跟个玩具似的，没有感觉，没有认识，就会哭，饿了就哭，渴了也哭，尿尿了还是哭，不舒服了依旧是哭，幸亏有婆婆在，否则我对着这个只会哭和吃的小家伙真会手足无措。

吃喝拉撒，小孩子唯一的任务就是成长，婆婆弄了很多的尿片，我们这边的天气也好，每次把尿片拿出去晒一会就干，以前看到小孩子拉屎撒尿就会躲得远远的，觉得小孩子真是太不好伺候了，但是面对自己儿子却不会有丝毫的厌倦，洗尿片、喂奶，每天重复着同样的事情，却也不觉得辛苦。

儿子满月后，我爸爸和妈妈想念外孙，因为还没有见过我的儿子，就干脆把我接回郑州了，妈妈特意请了长假来照顾我。我回到了郑州，才开始回到社会中来。在山东的那段日子，我真的是与世隔绝了，除了老公打给我的电话，我的电话很少响起来，只是有时候我爸妈会问候一下我最近的情况，我的同事、朋友似乎都不知所踪了，而且在大家眼里，我似乎也去了外星球，没有任何音讯了。在那里我没朋友，出门也听不太懂他们说话，只好躲在家里看看电视，电脑不能玩太久，否则有辐射，这次回到郑州，我才算是回到社会中了。

儿子出生后，老公那边的亲戚送了很多礼钱，还有很多街坊邻居送了一些鸡蛋和红糖，婆婆按当地的习俗把那些钱折成花，绑在儿子的小床边，我看着很是碍眼，但是婆婆说这是风俗，具体原因我也不清楚。

回到郑州后，我这边的亲戚、朋友和同学也纷纷来祝贺。我第一次感觉到，原来生个孩子竟然功劳这么大，我爸妈也给我儿子不少奶粉钱，并买了很多玩具，尽管那个时候，儿子根本就不会玩。

总是觉得儿子长得慢，但日子也就这样一天天过去了。一眨眼儿子三个月了，这时候我发现儿子会认人了。一天上午，我抱着儿子在小区花园中坐着，我看儿子一直盯着一个方向看，我顺着方向看去，看到我妈妈拿着菜从那边走过，我十分惊奇，儿子已经认人了，虽然他还不会说、不会坐，但是他已经知道谁是他的亲人、谁是陌生人了。

儿子给我的惊喜越来越多。

儿子是2010年出生的，正值虎年，我总觉得他就像一只小老虎，长得虎头虎脑，而且肥嘟嘟的非常可爱，夏天的时候，脱掉衣服，身上的肉一截一截的，像是米其林轮胎广告中的小人。

我一个同学，送给儿子一个很可爱的小老虎，用布缝成的那种。儿子特别喜欢，一直盯着它看。

刚从山东回来时，儿子浑身上下像没有骨头一般，抱的时候都要用手托着，有一次我不小心差点闪着他的头，因为脖子无力，每次从别人怀里接过来时都要倍加小心。

回到郑州，我出门的机会就多了，儿子慢慢长大，我带他去婴儿

会所洗澡，给他买帅气的衣服，我知道小孩子长得很快，衣服很快就不能穿了，但是我还是希望我的儿子从小看起来就很帅气。为了能够经常在家给儿子洗澡，我特意给他买了一个测量水温的像安全带一样的充气圈圈，上面有个小鸭子的图像，小鸭子变成红色，说明水温超过30度，需要降温；小鸭子呈蓝色，说明低于30度，需要加温。30度左右的水在夏天正好可以给儿子洗澡。

我的家人也非常疼爱这个可爱的小家伙，我爸妈给他买了一个可以推着的很大的推车，儿子可以躺在里面，但是因为车子太大，有点笨重，我就给他买了一个学步车，又买了可以骑、可以坐的，出门时推着他的小车。

儿子的到来给家里添了很多的喜气，我非常爱我的儿子，为了我的儿子，我吃再多的苦也愿意。

当父母的最怕的就是小孩子生病，小孩子生病真是比自己生病还难受。不知道是因为我吃了凉的东西，还是儿子晚上睡觉冻着了肚子，有几天他总是哭，拉肚子，还发烧，我和老公心急火燎的都不知道怎么办，我妈妈说必须去医院看看。到了医院，发现生病的小孩子真是不少，排了好长的队，我心里难过极了，忍不住想哭，心里暗暗求菩萨保佑，让儿子赶快好起来。

儿子还是很勇敢的，有一次大夫给他打针，大夫哄着他说："别哭啊，孩子，很快就好了。"也许他根本听不懂，但是打针的时候他没有哭，我看到别的孩子哭得呼天抢地的，觉得儿子真是太勇敢了，简直是我的骄傲。

聪明的儿子总是给我惊喜

别人常说混血儿长得好看又聪明，我暗自想，我和老公一个河南、一个山东，如果是在春秋战国时期的话，那也算是跨国恋了，儿子应该也会比较聪明吧，但愿儿子能够遗传我和老公优秀的基因，至于那些不优秀的基因，还是消失在岁月的风里好了。

其实，科学来讲，父母离得越远，孩子越聪明，并不是没有一定道理。我儿子从小就既能听懂他爷爷奶奶的山东话，又能听懂姥姥和姥爷的河南话，由于我一直在教普通话，他自己说出的当然就是普通话了。

除了语言、各种风俗习惯，我儿子以后还会了解两个省的风土人情的，这对于那些长到十几岁还没有出过省的孩子来说，儿子自然是懂得比较多了。

另外就是教育，由于我妈妈是小学教师，对小孩子非常有耐心，我家里贴着各种小孩子需要学习的拼音和数字，我每次逛街时也会给儿子买一些益智类的玩具，还给儿子买了格林童话全系列，以及各种儿童识车、识图。

儿子是一个很爱学习的好孩子，在他成长的过程中，我不厌其烦地给他说各种轿车的标志，给他读童话故事，儿子每次听故事时都不言

语，似乎能听懂的样子。

后来慢慢地他会说话了，有次带他出去，他指着楼下一辆大众车说："妈妈，看，这个是大众。"当时我惊呆了，原来他真的记得住呢，还学以致用了。又问他其他的，他一一指出来："现代、别克、奔驰……"

儿子的成长真是让我感到欣喜。

儿子刚学会说话，很多时候说话还不是太清楚，喊"姥姥"总是喊成"道道"，纠正很多次才纠正过来。

还有一次我和爸妈一起吃饭时，儿子想喝饮料，就指着果粒橙对我说："妈妈，我要喝'饮尿'。"

一旁的大人们都忍不住笑起来，儿子有点不好意思，马上改口，说："妈妈，我要喝果汁。"

真是个聪明的小孩子，这么小就知道换一种说法了。

我常常为儿子的聪明感到骄傲。

还有一次，表妹薛洁来我家玩，给儿子买了一个玩具狗，装上电池可以慢慢跑动，还可以发出叫声，表妹拿着玩具狗对儿子说："乐乐，你给狗狗起个名字好不好啊？"

儿子想了一下，说："我不会，姨给狗狗起名字吧。"

"要不叫'翩翩'好不好啊？"表妹开始逗他。

"不好，那是妈妈的名字。"

"那，要不叫'李浩'，你觉得好不好呢？"

"不好，那是爸爸的名字。"

然后儿子抓耳挠腮，好像思考了一下，坏笑着对我表妹说："要不叫'薛洁'吧？"

天哪，我在一旁听得都快笑倒了，这么小的儿子，就知道反击了。

后来因为我妈妈要继续上班，我也要上班，没时间照料儿子，而他奶奶又不愿意来郑州，说不习惯这边的生活，我和老公只好把儿子送回山东老家。

两个月后，我回去看儿子，看到儿子在农村晒得又黑又壮，头发也理得很难看，穿的衣服一看都是他奶奶给他买的质量不好的衣服，我当时就抱着儿子哭了，都怪我不好，没有太多积蓄，儿子成长期间我还要上班，现在害得儿子变成这样。我越想越难过。

但是没有办法，我实在没时间照顾他，在我回郑州时，我的心都要碎了，我恨不得立马坐车回去，只要能陪着儿子，让我做什么都愿意。

每次在郑州看到有关留守儿童的消息时，我都哭得很伤心，我太想念我的孩子了，我一定要把他接回来。

后来我和老公劝说了婆婆，让她来郑州照顾我儿子，婆婆也想开了，觉得孩子还是跟着自己母亲最好，于是收拾行李过来了。

小孩子的教育真是一刻也不容忽视，儿子到了郑州后，似乎就变得没有以前那么机灵了，看着高楼都觉得很新奇，每当到了超市，眼睛好像看不完一样，而且和其他小孩子在一起也不兴奋，只是看着别的孩子玩，自己却不参与，我当时真是着急。

但是改变也不是一时一刻就可以的，我一下班就守着儿子，教他识图认字，给他讲故事。周末带他去游乐园，带他去动物园看小猴子。

可是好景不长，婆婆说她在这边睡眠不好，而且她担心公公一个人在家无人照料，想回去，我实在没办法，只好又让婆婆带儿子回去住一阵子，刚好公公也快退休了，等他退休了，让他和婆婆一起带着他们的孙子来郑州生活。

如今，我们的房子装修好也可以住人了，我已经很久没有见到儿子了，对儿子的想念，只有当妈的才知道，如今我在郑州也是有房子的

人了，我一定要赶快让儿子回到我的身边，补偿母爱。

这些天来，为了这套房子，我付出了太多太多，现在终于有了结果，终于可以把儿子接过来共享天伦之乐了，这么大的三室两厅足够我们一家人住了。

我订好回山东的火车票，和老公一起，坐火车接儿子回来。

回到山东，看到我很久没见的儿子，儿子瘦了很多，看到我之后，也没有像以前那样扑到我怀里喊"妈妈"，只是看了我一眼，在他奶奶怀里没有动。

我的鼻子一阵酸楚，当时眼泪差点掉下来，我去抱他："乐乐，妈妈好想你啊。"

儿子依然没有扑到我怀里，反而把他奶奶抱得更紧，还看着我说："我不喜欢妈妈，不喜欢爸爸，我就喜欢奶奶。"

我再也控制不住自己的泪水，这一刻，我觉得在这个世界上，除了好好陪儿子，其他一切都不再重要。

但是，小孩子就是这样，谁和他在一起多，他就和谁亲，即便是亲妈妈，若是你不待在他身边，多年后相见，他也只会把你当成陌生人。

亲情，真的一刻也不能等。

我知道，小孩子表达他们的感情很真实，要想让他在一天内从喜欢奶奶变成喜欢妈妈，也不是容易的事情，我会慢慢使儿子认识到，在这个世界上，他的妈妈，才是世界上最爱他的人。

接儿子回来时，儿子哭得很厉害，他舍不得他的奶奶，也难怪，儿子两岁了，这两年我和他聚少离多，他大部分时间都是和他奶奶在一起，在他幼小的心灵里，早已把他的奶奶当成了最亲的人，是我这个做妈妈的做得不好，我一定要好好补偿儿子。

儿子刚回到郑州时，我和老公上班时，就把他送到他姥姥家，晚上就带他回家，因为我新买的房子和爸妈离得也近，十分方便，儿子慢慢地开始不那么想念他的奶奶，开始接纳我和老公。

儿子是一个十分懂事的孩子，在我和老公的教育下，越发变得乖巧可爱。

儿子再回到我的身边，我真是幸福极了，此时的儿子已经什么都会说了，我给他买了一个天蓝色的坐便器，形状是一个小鸭子的形状，老公问儿子："儿子，喜欢不喜欢呢？"

"喜欢，妈妈买的我当然喜欢，如果我说不喜欢，妈妈该不高兴了。"

天哪，这么复杂的话他也说出来了，真是给我太大惊喜了。

儿子的生活一向规律，每天早上7点准时醒来，晚上9点准时睡觉，有一次他玩到晚上11点才睡着，第二天早上，我起床时喊他起床，他竟然对我说："妈妈，我太困了，我再睡一会，你去上班吧。"

听着他那稚嫩的声音，我忍不住想亲亲他，真是可爱的好孩子，你睡吧。

天下如不起至美致5000元，顶多你为孩子
一个月的学费。

给儿子买保险，是我正确的选择

天下父母都希望孩子以后能有一个好的未来，能平安健康快乐地长大，不求飞黄腾达，但求一切顺利，天天开心。

在看到我经理的遭遇后，我又联想到我之前做的那个让我很难忘的梦，我觉得在如今的风险社会，虽然儿子现在还小，但是真的要做一个长远的打算，为儿子理一理未来。

每个人前20年基本上都是消费阶段，不但要吃喝花销，更大头的是教育支出。如果小孩身体好，那么医疗支出就不会太多，作为家长，当然也希望自己的孩子健健康康、一帆风顺，但是谁也保不准孩子有个头疼发热的小病，而如今的医院众所周知，一进医院，钱包就很难守得住，花钱也和流水一样。

我和老公努力工作，老公的工资也在一直上涨，而我的客户也越来越多，获得的奖金也是日益增多。如今的风险社会，若是辛辛苦苦挣来的钱都放在银行里存着，指望那点利息，那么就是再蠢不过了。因为看物价就知道，随着物价的上涨，如果现在的50元还可以买瓶洗面奶的话，那么几十年后，保不准同样洗面奶的价格就升到了500元，那么钱在银行里也就跟着贬值了。

但是小孩子太小，不能给他买黄金白银，再说我们这小家小户，也不可能去和房地产大亨一般把钱都投了大生意，以便于捞取更多的钱财。

思虑半天，我和老公决定还是给儿子买份保险比较实在。我这两年在保险公司上班，给儿子买了保险，恰好也增加了自己的业务量。

我仔细斟酌了一下，细细查看了给宝宝买保险的细则。

之前都是对别人讲，卖给别人保险，这下自己换位变成购买者，感觉还是有点怪怪的，好像自己本是买衣服的，如今把衣服卖给了自己一样。

我之所以给儿子买保险，其实更是买一份保障全面的保险计划。

意外医疗、住院医疗和重疾方面的保障是重点需要考虑的，因为意外和重疾的出现不分年龄大和小，它出现的时候，总使人们措手不及，到那个时候，补救也来不及了。报纸经常出现一些小孩子夹到手、摔下楼梯等的意外报道，所以，在给儿子购买保险的时候，选择自己想要的主险是一个方面，另一个方面，就是给儿子投保一份全面的保障，这样才是正确的购买保险的思路。

为了选择一份更适合儿子和我们家庭的保险，我特别参考了我培训时发的课本，里面清楚地写着：

按照类型进行划分，少儿保险大致分为以下几种类型：

（1）分红型少儿产品。

例如平安的鑫盛分红险，根据家庭经济环境，如果保费预算在4000元以下，建议家长可以为孩子选择此类型的保险，附加重疾、意外伤害、意外医疗和住院医疗，这样可以首先为孩子建立一份全面的保障。日后家庭经济环境改善，也可以为孩子投保多一份侧重身故和重疾的保险产品。

注：鑫盛分红保险属于计算风险保额的少儿保险产品，意外伤害和主险身故的保额相加不可以超过10万元，而且重疾保额和身故保额

必须是1:1，当不幸发生重疾，保险公司赔付重疾保险金后，身故保额也归零，合同终止。所以，此类保险一般用于为孩子前期建立一份保障计划，随着日后通胀和贬值等问题，等孩子18岁后，有必要为孩子投保多一份保险进行补充。

（2）万能型少儿产品。

例如平安的世纪天骄少儿万能保险，此类型的保险，期交保费最少为12000元，最少需要交够15年，可以追加保费，可以灵活领取保单的现金价值。世纪天骄少儿万能险采用的身故赔付方式是风险保额和现金价值的总和，可以实现保额赔付超过保监会的规定，重疾保额和身故保额不需要是1:1，可以少于身故保额。另外，重疾、意外伤害和意外医疗已经附加在身故主险当中，不需要另外缴费，保险公司在现金价值中扣除保障成本即可。少儿万能险采用的是每月结算利息、12个月复利滚存的方法，经过一段时间后，可以实现现金价值快速增值。

（3）带有理财性质的少儿分红险（不计风险保额）。

例如平安的鑫利少儿分红两全保险、世纪天使少儿两全分红保险和吉星送宝少儿两全保险。

鑫利少儿两全分红保险的保障期限是保到80岁，每两年可以领取保额的7%作为生存金，每年可以享受保险公司的分红，在被保险人80岁的时候，保险公司一次性返还保额的2倍作为满期生存金，合同终止。如果被保险人18岁前身故，保险公司返还所交保费，并按照年增长率2.5%单利增值；如果被保险人18岁后身故，保险公司赔付身故保额的2倍。鑫利少儿两全保险可以附加重疾、意外伤害、意外医疗和住院医疗。

世纪天使少儿两全分红保险的保障期限是终生，每三年可以领取保额的12%作为生存金，每年可以享受保险公司的分红。如果被保险人18岁前身故，保险公司返还所交保费，并按照年增长率2.5%单利增值；如果被保险人18岁后身故，保险公司赔付身故保额的3倍。世纪天使少儿两全分红保险可以附加重疾、意外伤害、意外医疗和住院医疗。

吉星送宝少儿两全保险的保障期限是保到75岁，每两年可以领取期交保费（注意：这里是期交保费，不是保额）的30％作为生存金，每年可以享受保险公司的分红，在被保险人75岁的时候，保险公司一次性返还所交的全部保费作为满期生存金，合同终止。吉星送宝少儿两全保险可以附加意外伤害、意外医疗和住院医疗，但是不能附加重疾。

老公说他看完之后有点头晕，这些保险的险种读起来真是十分吃力，除了我这种专业的销售人员，很多的专业术语是外行人根本看不懂的。比如风险保额，大家都知道是被保险人一旦出现意外的时候，保险公司需要支付一定数目的金钱，但是具体什么条件支付、怎么支付，大家都一无所知。其实风险保额的意思就是，当被保险人发生身故的时候，无论被保险人是否已满18周岁，保险公司将按照投保时设定的保额进行赔付（根据保监会规定，未成年人的保额，二级城市不得超过5万元，一级城市不得超过10万元）。

还有一个词是不计风险保额。这好像和风险保额正好相对，其实不然，两者的关系并不是像一个褒义词和它的反义词、贬义词一样相对，不计风险保额一般出现在带有理财性质的少儿保险产品中，意思指的是，家长为孩子投保的时候，设定一个保额，孩子可以在保险生效后，按照一定的百分比，每两年或每三年领取固定的收益；孩子18岁前身故，保险公司返还所交的保费并按照一定的利率单利增值；18岁后身故，按照保险合同约定的倍数，乘以保额进行赔付。

我和老公商量，老公听得云里雾里，到最后只是问我要选择哪一种。

我说："这不是正在商量吗？这么大的事要两个人商量决定啊。"

"朕授权于爱妃你，朕不管了，你自己选择吧。"老公最近跟着我看宫廷剧看多了，也开始用"朕"来称呼自己了。

那好吧，我仔细计算了一下，把我们的收入和支出画了一个图，最后我决定给儿子买鑫利加所有附加险，这是一个分红两全保险，也就是人活着或者去世了都可以赔付的两全保险，每年交6600元，交够20年。这个保险包含的内容有：

第一，身价6万元，也就是说一旦发生意外去世了，受益人可以领取6万元，这是因为保监会规定，未满18岁的孩子，身价不能太高。

第二，重大疾病2万元，重大疾病是指经医生诊断的男性28种、女性30种的重大疾病，这是因为女性有两种关于妇科方面的病，被保人一旦发现有重大疾病，保险公司会立刻支付2万元给被保险人。

第三，意外医疗2万元，意外医疗是指磕磕碰碰猫爪狗咬，这样的报销若是在100元以上，无须住院直接100%报销，最高报销2万元，但是超过了2万元，那就不能100%报销了，只能报销2万元。

第四，住院费用2份，其实每份1.45万元，我给儿子买了两份，这个是因为万一住院的话，住院费用太高，多买一份多一份保障，这样每次就有2.9万元报销。住院费用包括住宿费6000元（含门诊600元），小手术费3000元，大手术费2万元，最高可报2.9万元，如果没超过2.9万元，那么就按自己花费的80%报销。

第五，等到儿子上大学后每年可以领8000元，领取4年。

我给老公详细地讲解完，老公还是不放心，问我："你们保险公司确保在发生事故时，会按时付钱的吧？要不然咱们这每年6600元可是打水漂了。"

"这个你自然放心，谁敢不给'本宫'保费，'本宫'将他枪毙了！"

"好了，翮妃娘娘待人处事果断刚毅，朕把咱这只有你一个人的后宫就交给你打理，朕累了，跪安吧。"老公笑着对我说。

大功告成，总算把要给儿子买的保险定下来了。

教育孩子要趁早

　　爱孩子，只给物质上的满足是远远不够的，思想品德上的教育一样重要。

　　眼看着儿子也两岁多了，跑起来比他奶奶都快，我把他打扮得像个小太子一般。儿子也很争气，长得眉清目秀，我常常看着儿子的眉眼，他的眉毛好似修过一样，眼睛虽然是单眼皮，却也不小，更重要的是，儿子没有任何的娇柔之气，一看就是个男孩子，邻居都夸他小小年纪就充斥着阳刚之气。

　　儿子聪明可爱，当父母的喜欢，爷爷奶奶、姥姥姥爷自然也是十分疼爱。儿子才两岁，大人们给他买的衣服却比一个女孩子都多，但是这种奢华之风，我是万万不会滋长的，因为我时刻会提醒自己曾经做过的那个梦，虽然我非常担心那个梦会变成现实，但是我相信事在人为，人定胜天。

　　周末，我们全家决定去郑州边上的思念果岭游玩，儿子刚刚会说完整的话，一路上总是使我们惊喜不断。

　　在思念果岭，我们看到好多父母带着小孩子来玩，小孩子们都不认生，一会就玩到了一起。有个母亲抱着几个月的女儿在草地上玩，儿子也跑过去，还对那位母亲说："来，让我抱抱妹妹。"

儿子小大人一样的神情，真是可爱极了。

但是我发现儿子只是和那些打扮得比较光鲜亮丽的孩子玩，也喜欢让一些穿戴时尚的阿姨抱抱，如果别人的打扮不太讲究，他就不搭理别人。

有个和我差不多年龄的年轻妈妈，打扮得非常时尚，妆容也很精致，穿戴不俗，儿子老跟她的儿子玩，不但让那个年轻妈妈抱抱，还看着那位年轻妈妈说："阿姨，我喜欢你。"

"那，等会跟我回家好吗？"

儿子不依了，摇着头说："不，我还是跟妈妈回家。"

玩到天快黑时，我们才赶回家。

儿子在回家的路上也是叽叽喳喳说个不停，还告诉我说："妈妈，我喜欢那个阿姨，还喜欢另一个漂亮姐姐。"

我知道他说的是和我们一起玩的一个四岁多的女孩，那个女孩的妈妈和我是同行，也是在平安保险公司上班，小女孩才四岁，长得水灵灵的，非常好看，而且她妈妈也很会打扮她，使她看起来像个小公主一样，她的性格也好，和儿子玩得非常开心。

我抱着儿子说："是啊，姐姐很漂亮，妈妈也很喜欢她。"

儿子还对我说："妈妈觉得姐姐很漂亮，我也觉得姐姐很漂亮，但是妹妹却不漂亮，丑死了。"

我大惊，不知道这孩子从哪里学来的这句话，忙问他："告诉妈妈，哪个妹妹丑死了啊？"

"就是我们家楼上的那个妹妹。"我听了哭笑不得，他说的是我们的邻居，女孩才一岁多，女孩的爸妈也都是80后，因为工作太忙，无暇照顾女儿，就叫老家的婆婆来照看孙女。而这位婆婆似乎不怎么讲究卫生，小姑娘看起来总是黑黑脏脏的，衣服上也都是饭渣，特别是穿在外面的小罩衣，似乎一个月都不洗一次。小女孩的指甲里也是经常黑黑的，有时候我们会善意地提醒她们，但是这毕竟是人家的习惯，我们也不好天天提醒。

但我觉得儿子这么小，实在不该以貌取人，一定要教育他，改掉这个习惯，别人也许外表不是太好，但是心还是善良的。

回到家之后，我开始教育儿子："乐乐，妈妈今天一定要教育你，不要以貌取人。你知道什么是以貌取人吗？"

儿子看我好像生气的样子，不知道该怎么回答，而且我觉得他应该也不知道"以貌取人"的意思，他只是惊恐地看着我。

"不能'以貌取人'就是，你以后不能看着别人长得好看就觉得别人很好，长得好看的人有可能是好人，但是也有可能不是好人，长得不好看的人也不一定都是坏人，很多人长得不好看，但是心却很善良很好，比如妹妹，妹妹上周不是还送你一盒她的彩泥吗？妹妹那么好，你怎么能因为她不好看就不喜欢她呢？"

儿子好像明白过来，说："好吧，我以后不会再嫌妹妹丑了，我会让她自己多洗洗脸，变得干净些，然后我再喜欢她。"

然后他自己又小声嘟囔着说："不能以貌取人。"

给儿子讲的道理，也许他并不是全部听得明白，但是很多道理就是这样，你不跟他说，他永远也不知道，你说了，也许他一下子记不住，但是说得多了，他自然就记住了。

我想起有一次我和一姐妹出去旅游，报的旅行团里有个40多岁的母亲带着儿子和两个双胞胎姐妹。当时在大巴车上她们一家四口就坐在我的右边，一路上，我听到那位母亲一直对7岁的女儿讲做人的道理，我隐约听到关于"己所不欲勿施于人"的话，我当时就感叹这位母亲，也许这句话很多做母亲的都知道，但是更多的人都忽视了对孩子的教育，觉得孩子还小，说了她也不懂，都想不到给她们讲这些道理。正是由于这些差别，也许会影响到孩子长大之后的前程。

　　因此，带孩子，吃饱穿暖的物质条件很重要，但是精神上的教育也是不可缺少的，只有孩子整体素质高，才能在未来的生活中过得更好。

第14章

父母的"理"度晚年

　　古语常说："百善孝为先。"有了孩子之后才会感觉到父母生养自己的不容易，那么孝顺孝顺，不仅要孝，更要顺着老人。时间总是过得这么快，以前觉得自己还很小，盼望着长大，后来慢慢地自己长大了，而父母却慢慢地变老了，父母的背渐渐地站得没那么直了，很多重活他们干不了了，冬天的他们越来越怕冷，而住院的时间却越来越多了。

尊老爱幼，传统美德

　　这话说得没错，尊老爱幼，是我们中华民族的传统美德，这是因为我们每个人都会变老，都有年老体弱的那一天，随着时光的飞逝，我们不会一直年轻，也不会一直拥有健康的体魄，女人更是留不住那貌美如花的笑靥。很多时候，时光从我们的手指缝里溜走，我们回忆起很多年前的自己时，总是感慨万千，有悔恨有甜蜜，但是不管有什么样的情感，我们都无法再回去了。

　　我们的父母已经渐渐地迈入中老年人的群体，五十岁而知天命，六十岁耳顺，七十岁古稀。以十年为单位的话，我们也差不多度过三个十年了，人生的前三个十年和最后三个十年却有着太大的不同了。

　　我常常思考，人生似乎就在画圈，人小的时候出生，不会说话，一点点学说话，学发音，学走路，直到会唱会跑，成为一个成年人，而老了之后，就会慢慢地丧失这些能力，慢慢地变迟钝，记忆衰退，甚至身高也会缩短，牙齿掉光，走路也越来越不利索，老年人在丧失了这些基本的生活能力之后，所依赖的就只有儿女了。

　　人们常说"养儿防老"，这不无道理。人活着为了什么？苦也一生，乐也一生。每个家庭过来过去过的就是人气，如果一个人守着大房子豪华跑车，连个说话的人也没有，那活着又有什么意义？

　　年轻时若是没有一儿半女，那么老时的凄凉也是可想而知的。看着别人儿孙满堂的幸福，那种羡慕怕是世人无法用言语可以表达的。

　　父母为了孩子，倾其所有，天下的父母都希望自己的孩子可以过得更好。那么做儿女的更是要理解老人的心情，很久以前有一首歌唱得特别好，它的名字是《常回家看看》。

　　许多人在挑选对象时，把孝顺列在了第一位，一个人，如果连孝顺自己的父母都做不到，那么他又如何去真心地爱别人，真心地对待别人呢？

　　虽然我和老公结婚，名义上是嫁到了遥远的山东，但实际上还好，我依然在郑州，可以陪伴我的父母。我知道父亲白手起家不容易，挣钱难，想挣大钱更是难，很多开着豪华跑车的大老板，其实都是顶着巨大的压力的，心累。

　　劳心者治人，劳力者治于人，这句话说得没错，而在现代的社会，我们常常用物质的富足来衡量一个人的成功，一个人拥有的金钱越多，那他在众人的眼里就越是成功人士。

　　我们有时候只看到那些富豪们的成功，而他们在成功背后的付出和为了达到成功洒下的汗水却没有人知道。

　　我们的父母算不上大亨，但是拥有着幸福的家庭和平淡的事业，也是另外一种成就。国家不是只需要房地产大亨，只需要IT精英，国家的繁荣更体现在那些"在其位谋其事"的平民百姓身上。

　　尊重自己的父母，同时也要领略"老吾老以及人之老，幼吾幼以及人之幼"的含义，如果每个人都可以这样做，那么社会该是多么的和谐。我每次坐公交车时，都会主动给老人让座，因为每个老人都会让我想到自己家的老人。

爱父母不能靠嘴说，更要付诸于行动

　　大家常说，疼人总是大的疼爱小的，家里面也是如此。疼爱是从上往下疼，一个人疼爱自己的儿孙可以轻而易举地做到，但是要让他去疼爱自己的父母和爷爷奶奶，恐怕很多人就很难做到了。还有一部分人，满口的仁义孝道，做起事来却让人瞠目结舌。

　　而我和老公都不是那种不正常的人，我和老公都是直性子的人。作为新时代的小主妇，我看了很多后宫争宠的电视剧，我也告诉自己学学里面的娘娘们，以后待人处事别那么直白，留点心眼，做到左右逢源，这对于自己的事业还是有好处的。

　　然而我还是修炼不够，这也不能全怪我，我身边的朋友们一个个都是说话简单明了，很少有人拐弯抹角地说话，直来直去的习惯了。家里更不是后宫，除了老公、我，还有婆婆和儿子，以后公公也会过来，也没什么可勾心斗角的，主要是利害关系也没多大，都是一家人，和和美美，有什么事情也是坦诚布公，实在没什么好隐瞒的。

　　我疼爱我的父母，而老公疼爱他的父母，婆婆和自己的亲妈是绝对不可能放在一个水平上的，我对公公婆婆虽然不生分，但是总会有那么点拘谨，说话做事也不敢太放肆。但若是在自己娘家，我12点起床都没有关系，我妈妈骂我几句我也不会生气，我和妈妈吵完几句后还是

母女，一回头就忘了。而和婆婆则是不能这样的，不然积累下来，以后成炸弹就麻烦了。

父母年龄都大了，特别是我妈妈，年轻时由于家里穷，跟着我爸爸吃了很多苦。妈妈在她36岁时，我记得她只有80多斤重，由于那时候过于劳累，现在有很多病，心肌缺血、高血压、脑梗塞都是长期的病，不像头疼发烧可以一下子看好的，不能生气不能受刺激，尽管现在生活条件好了很多，但是每年的冬天我都必须陪着妈妈去医院冲血管，因为血脂太稠，怕引起其他病症。

妈妈是个很温和的人，爸爸的脾气不太好，妈妈把家里收拾得井井有条，这才造就了爸爸今日的成就，我常常开玩笑地对妈妈讲："咱家那存折里的钱至少要有你的一半呢！"

妈妈也是喜欢开玩笑："郑州这房子就是我的，房产证上就是我的名字，如果你爸爸哪天惹我生气了，我一句话他就要收拾东西走人了。"

妈妈倒是可爱，还真会利用自己的权力。

不过爸爸也是非常的爱妈妈，妈妈身体不好。记得我上大学时，有一次放假回家，带了很多的脏衣服，扔给妈妈，让她帮我洗，爸爸狠狠地把我呵斥了一番："你妈妈身体不好，你还让她干这些重活，你怎么这样不懂事，那么大的女孩子了，自己不会洗衣服吗？"

我当时挺为他们感动的，父母，真是我和老公还有孩子们学习的榜样。

我爸妈都是不喜欢麻烦别人的人，我大学毕业工作后，我爸妈从没有要过我一分钱，逢年过节我给他们买件衣服，他们也会很高兴，但是如果我不买，他们也不会提起来。记得有一次我发了工资后给爸爸买了一个300多元的墨镜，让他开车的时候保护眼睛，爸爸一直说太贵了，让我退回去。我怎么会退回去呢，挑选了很久呢，爸爸开的车并不差，买300元的眼睛配他的车一点也不过分。

结婚之后，我不光要顾念着我的爸妈，公公婆婆这边我也是要尽孝的。

回忆起我们结婚，由于我们是在山东老家办的婚礼，这边父母和亲戚才去了8个人，一切都按照山东的习俗操办，我爸妈自然不懂那边的风俗习惯，因此，里里外外，都是我公婆在忙。

特别是我的婆婆，虽然她是一个典型的农村妇女，但是婆婆骨子里其实是一个不折不扣的女强人。公公作为一个教师，工作之余，就是养养花草，属于安逸型的人。

而婆婆却不是喜欢安逸的人，婆婆在学校附近开了个小铺子，虽然赚钱不多，倒也风风火火。

婆婆就是这样一个人，她不喜欢自己过得不如身边的其他人，虽然老公家算不上大富之家，但是在附近的村庄里，也算是中上等人家。

在我们结婚的时候，公公自然不愿打点那么多纷繁复杂的事情，什么风俗，什么习惯，公公一概不愿过问，认为婚礼交给婚庆公司就好，自己也不懂这些乱七八糟的规矩，赶紧办完就完事了。

而婆婆却不依，她问了很多村里的老人家，包括很多细节方面的问题都问得很清楚，包括娶我进门时，要穿什么衣服什么鞋子，从宾馆娶出来时新娘子的脚不可以踩到地上，走出宾馆时要用红伞挡着，不能见天，娶到婆家时也是不可以见天。婆婆安排好帮我打伞的人，安排好放爆竹的人，担心老公背我上楼时累，特意给老公提前预备了一双轻便的鞋子背我时穿，而举行婚礼时却要换成皮鞋，这些很琐碎的小事，婆婆都问得很清楚。我们的婚礼虽然不奢华，但倒也温馨，在农村算来，也算是很圆满的婚礼。

儿子结婚，当母亲的真是累，在我们结婚的前两个月，婆婆都一直忙着张罗这些事。

　　有这么一个好婆婆，虽然老公家没什么钱，我也觉得很幸福。

　　所以，作为女儿，我应该孝顺生我养我的爸妈；作为儿媳，我同样也要孝顺我的公婆。

　　老公毕竟是男人，对于老人难免有不体贴的地方，每次过节时我都会提醒老公按时给公婆打电话，而且每个周末也会去找我爸妈一起吃吃饭、说说话。到过年时或者换季时，我也会买新衣服送给他们。特别是老年的女装，我每次都要买两件，因为我婆婆和我妈妈的身形差不多，我买两件同码的衣服两个人都可以穿。

　　婆婆看我这么孝顺，自然也是很关爱我，我家的婆媳关系因此非常和睦。

　　家和万事兴，说的一点都没错。

我给老人买保险

我深知老人们需要的其实并不是很多的钱，更不是那些虚空的荣华富贵，当时我生完儿子时看到公婆脸上那欢喜的神情，我就知道原来家丁兴旺是老人们多么高兴的一件事。

为老人理财，我没有太高明的手段，我每个月的工资不多，再说双方的老人自己都有积蓄，更不会在经济上给老公和我两个人带来什么负担，那么我能尽的孝道就是抽时间多去陪陪老人，带儿子多和老人相处。

然而，光这些明显不够，于是我和老公商量着给老人也买点保险，其实也是给老公和我减轻负担。目前看起来花钱的地方多，似乎日子过得苦了些，但是老人的身体越来越差，给他们买保险肯定是对的。

老公早已被我同化了，对我给家人买保险的行动再也没有了任何怨言。

对于我们的父母，有时候我们觉得他们有工作有社会保险，就不再需要商业保险，但是事实上，社会保险有很多缺陷，更何况我们国家的社保体制目前并不是很健全，如果被保险人万一出现意外事故，社保只会把账户里的钱给家庭其他成员，不会作出其他的赔付。

社保中的医保，对于很多情况下的意外身故、意外伤残、意外烧

烫伤、意外医疗等，没有赔付和报销责任（意外险责任方面的缺陷）。

而社保中的医保只承担社保范围内用药，并有一定的报销比例限制。对于花费巨大的重大疾病，社保承担的部分不少，但也有限，且由于重疾影响，患病期间不但支出大，收入也可能中断，后期的康复费用也会是一笔不小的数额。

据卫生部调查数据，中国人一生患重疾的概率在70%以上，所以我们不得不防（有一定医疗报销责任，重疾险责任不足）。

我其实最想给我妈妈买一份重大疾病险，但是由于我妈妈已经查出来有高血压，而且年龄又大，已经错过了买保险的最佳时期，所以只能自己支付医疗费用了。不过还好我妈妈是教师，住院费用学校可以报销75%。

既然给妈妈买不成，那就给爸爸买一份好了。爸爸今年53岁，我给他买了一份万能保险外加住院费用。每年交费5634元，交10年以上，可以接着交，也可以不交，所保的内容有：身价10万元，重大疾病3万元，意外伤害10万元，意外医疗2万元，还有住院费用1.45万元。若是平平安安，这些钱以后还可以取出来，并且有一定的利息。

我公公年龄大了，超过55岁就不能再买了，我给婆婆买了一份，和我爸爸那份一样，以示公平，毕竟我家的钱归我管，老公的父母也是我的父母，我自然要像爱老公一样爱他的父母。

买保险其实也是买平安，希望我的父母和公婆健康长寿。

第15章

夫妻一起奔小康

  我和老公结婚这几年，一路走来很不容易。我们从当初一穷二白的小夫妻，到后来有了儿子，再到后来慢慢攒钱。我们曾在股市漂泊过，也曾辛苦创业过，虽然没有获得很大的成功，但是每次都算是上苍眷顾，我们也小有成就，没有什么损失。

  我们在租来的标间里住过，后来搬到小区，后来又搬了两次家，我也回山东生活过一阵子，回来后夫妻两人同心协力，挣钱打拼，现在也有了自己的房子，真是应了那句话："夫妻同心，其利断金。"

后院干净舒心，老公事业赢得成就

　　我和老公开玩笑时，总是称我是后院的女主人，我和老公的结合是最普通不过的结合，因此我们的家庭也是中国最普通的家庭。我们没有腰缠万贯，但也没有餐风饮露，我家的规矩依然是传统的"男主外，女主内"，我把家里的一切打理好，老公才有精力好好拼搏事业，而我和老公结婚后的两年多，老公的事业也是蒸蒸日上，我们家的小金库自然是越来越鼓了。

　　婆婆对我很好，常常夸我人漂亮又懂事，还会持家，真是前几世修来的福分。老公以前的女朋友个子很高，我第一次去婆婆家，害怕婆婆嫌我个子矮，我才163厘米，哪知婆婆每次议论起女孩的身高，就说："163厘米就最好了，咱不喜欢太高的，太高了看着太野，这样就最好了。"婆婆既然这样夸我，那我自然也不好说什么，婆婆对儿媳是否满意直接关系到一个家庭的内部和睦，好在我家并没有出现这种婆媳大战。

　　尽管我把家里家外操持得还算不错，但是有些问题我还是不得不向广大的年轻父母提一下。由于我们有了孩子，父母年龄又越来越大，我们既要顾老又要顾小，但是自己的身体也非常重要，若是自己的身体垮下来，那么孩子老人可是一下子就没有依靠了，所以在细心照顾老人

小孩的同时，还是要顾好自己的身体的。

身为父母的自己，如果一旦出现了意外，那么孩子的保费怎么办？父母的保费怎么办？

这不是杞人忧天。

父母本身就应给自己更多一点的保障（比如意外险和重疾险），父母是孩子最根本的保障，所以年轻的爸爸妈妈们在努力工作的同时也应注意自己的身体健康，不要轻易熬夜，告别那些舞厅、夜店。虽然30岁不算太老，但是已为人父为人母，还是应该给孩子树立一个好榜样，什么样的家庭教出什么样的孩子，小孩子的模仿力惊人，特别是0~6岁的，那么有坏习惯的父母更是要改改坏毛病了。

老公以前说话爱说脏话，有时候就是无心之失，我每次给他纠正时，他总是说，不是有意，只是感叹一下，把脏话当感叹词来用了。我一定会监督他改掉，不然以后我儿子小小年纪就会说脏话，这样老师同学都不会喜欢他，而且一个人，不管你穿得多么整洁，一开口就说脏话也会让人觉得你的素质很低。

在我的好好管教下，老公的整体素质大大提升。有一天，老公下班回到家，兴奋地拉着我只想跳圈，我不禁问他：“这么大的人了，究竟是怎么了？什么喜事，高兴成这样？！”

“老婆，你一定要做好心理准备，我要宣布的是一个大好消息。”

“我历练了28年，早已宠辱不惊了，你有什么开心事就直接说吧，我这小心脏绝对承受得了。”

“我昨天签了一个好大的单，老总说我最近一年业绩直线上升，这次又是一个大功臣，升我为大区经理，并且给我发了8万元薪水！”

“哇，真的假的啊？老公，你不是在骗我吧？”

“当然是真的，不然我不会高兴成这样！”

天哪，我的梦想，我的爱车，不再是梦了。

我高兴得一下子就蹦起来了，功夫不负有心人，刚搬了新家就有如此大喜事，真是让人开心。

当天晚上我把爸妈和公婆都喊来一起，去我家附近的新豆苑大酒店吃饭。忽然发现人开心的时候，觉得什么都很舒心，新豆苑酒店是新开的，环境高档优雅，而且物美价廉，和其他华而不实的酒店大不一样，连服务都很贴心。

有房有车，开始在省会城市立足 ●

自从儿子从山东回来以后，我和老公的事业也蒸蒸日上，我们常常开玩笑说，儿子是我们的福星，是老天赐给我们的财神。

刚刚大学毕业的时候，我们很懵懂，对社会、对人生，没有任何规划，也没有想那么多，挣钱就花。对婚姻也没做任何打算，只想找个看着顺眼的男孩子谈谈恋爱，没想到时间慢慢过去，自己也会面临相亲；遇上老公以后，遭遇了很多，也成熟了很多。

人们常说，真正的优雅是学不来的，真正的优雅需要丰富的阅历，也许我的人生太普通，没有大悲大喜，但在这普通的人生里，却让我慢慢学会了承担。

走出学校以后，我不再伸手向父母要钱，我自立自足，养活自己。那时候的自己，并没有想太多，就是觉得毕业了还要伸手向父母要钱，是一件很丢脸的事情。虽然我没挣到很多钱，但是我靠自己的努力，靠自己的汗水，能够在逢年过节的时候为父母添置新衣，父母也为我骄傲，为我自豪。

后来有了老公，爱情的甜蜜使我的智商、情商有所减退，但是我们很快面临的就是建立新的家庭，承担新的责任。

有了孩子以后，我忽然成长了许多，从我怀孕的那刻起，我就常常想，原来我是一个人，以后就不是了，我如果不奋斗的话，饿着自己事小，让孩子从小跟着我受罪，那是多么可耻啊。

也就是在那个阶段，我想到，我要在郑州立足，我要为儿子在这个省会城市打拼出一片属于我们三口之家的天地，不管多累多辛苦我都不怕，别人可以做到的，我也可以做到。

虽然那时候我怀孕不能上班，不能挣钱，但是我时刻都没有忘记我要奋斗的想法。

我很感谢上苍让我遇到我的老公，他是一个很实在的男人，他不抽烟，有时候应酬时会喝点酒，其他没有任何不良嗜好，而且，更重要的是他对我很好，虽然我们已经结婚，已经有儿子，但他也不乏浪漫。

前几日天冷，郑州下大雪，老公下班后喊我出去，我以为他有什么事情，赶快跑出去，只看见老公在雪地上用脚印画出一个大大的桃心，桃心里写着我的英文名字，旁边写着"爱你1314"（代表一生一世）。在这个寒冬腊月里，我的心却立马暖暖的，我们都是老夫老妻了，真的没有想到，老公还会制造这种小浪漫。

天气越来越冷，出行也越来越不方便，老公和我都商量着买辆车。之前我们想过买车的事情，但是由于当时经济实力不足，买房大计还未完成，于是搁浅到现在，如今我们除了还每个月的房贷，还有一些余钱，买一辆小排量的车也绰绰有余了。

但是，买什么车呢？

在一部电视剧里看过这样一句台词："车是男人的脸，男人一定要有一张拿得出去的脸。"

这话我其实并不赞同，在之前的二十多年，老公一直没车，难不成没脸活了二十多年？

但是话说回来，现在条件允许了，买车也是计划之内了。

老公打电话问了几个朋友，有个朋友说，他认识一个在4S店卖车

的人，如果我们通过那个卖车的人买的话，可以优惠部分钱，并且是在4S店提车，质量完全不用担心。

但是我们还没想好买什么车，甚至什么价位的车还没有想清楚。

我还是照原计划想买辆BYD，但是老公却不想买那种车，那种车跑不了远距离，上高速也不行，我们以后过年回山东，如果带的东西太多，想开车回去，BYD明显不行。

那买什么车呢？20万元以上的我们肯定买不起，日本车也不打算买，后来商定半天，决定买上海大众的新款朗逸。

这种车性价比较高，与其他的十几万元的车相比，外观大气，质量可靠，而且档次也不算太低，万一以后领导想用车，开车去接下领导也有面子，对以后我们的事业发展也有帮助。

后来去店里看了几次，老公和我都下了决心，就买这款。

车提出来后，老公对他的爱车真是视若珍宝，沾上一点泥水都赶快擦得干干净净，买好车垫，保养品一样也不敢落下。

每次开车前，他都要先预热几分钟，天天在百度上查询如何开车对车好之类的文章。

有了私家车以后，我们的生活水平也算是上了一个档次，最起码我出门前可以考虑是打车还是开车还是坐公交车了，不是高峰期就坐公交车，高峰期公交车难挤，出租车不好打，就自己开车。

每次坐在副驾驶上看着窗外的世界，我就在想，人生真是捉摸不定，刚结婚时，我们经济仓促从未想过自己可以在郑州有自己的房，有自己的车。那个时候看到私家车副驾驶上的女人，自己真是充满了无限的羡慕嫉妒恨，可是现在，不过短短的几年时间，自己也成为一个有房有车的人了。

这几年的努力，没有白费。

周末假期方特欢乐世界游 ●

有了房和车以后，我虽然没有像以前那样精打细算，但是作为一个家庭主妇，除了日常的吃喝花销，还是要给自己留个底。

儿子回来后，我们的花销确实多了不少，但是这也是必需的，我们不能为了省钱亏待儿子，当然我和老公的收入也逐渐增加，偶尔带儿子吃个西餐，周末去周边郊游，经济上也完全承受得起。

听同事说，郑州中牟县境内的方特欢乐世界特别好玩，我就想在周末带儿子去玩玩。

为了热闹，我带上爸妈和我们一起，正好可以帮我们照看一下儿子。我们在网上查好路线图，第二天早上8点就从家出发了。大概开了50分钟我们到达了方特欢乐世界，门票每人200元，里面玩的项目很多。

但是好多项目都不适合小孩子玩，因为妈妈心脏不好，也玩不了，只能我和老公，还有爸爸我们三个人去玩，剩下妈妈照看儿子和我们带的东西。

爸爸虽然50多岁了，没想到还可以坐过山车。

儿子只能玩一些不限身高体重的项目，但是儿子好兴奋，看到这么多人，这么多玩的东西，不停地问东问西。

我忽然想起我和老公一起去的香港迪士尼乐园，那个地方很适合小朋友，到处都是儿童喜欢的东西，等到儿子长到五六岁，我一定带他去一次迪士尼乐园。

小孩子学习很重要，但是多带他出来走走，看看外边的世界，多一些阅历，也很重要，去的地方多了，见识多了，他也会像大人一样，变得成熟。

我和老公在去坐过山车排队的时候，后面跟了一个外籍小朋友，我看她不像是中国人，就忍不住问了一下，那个小女孩一脸茫然，我赶忙用英语问她是不是中国人？

"No。"

小女孩用很标准的英语回答我，简短地交流完之后我才发现她竟然是柬埔寨人。

后来我就不敢和她交流了，因为她不通汉语，我的英语水平有限，她说很长的英语时，我就跟不上了。

真后悔当年没有学好英语口语啊。

我们在排队等海盗船时，排在我们前面的是一对母子，母亲看起来30多岁，气质不凡，儿子看起来10岁左右的样子，长得白白净净，一看就是家境殷实型。

由于排队太无聊，我就和他们攀谈起来，虽然眼前的女士气质很高雅，但是却没有架子，和她说话时，我发现她人非常亲切，也是郑州人，在家做全职太太，专职带儿子。

交流时我发现，如果你微笑着去面对别人，别人自然也会微笑着面对你；若是你凶神恶煞地对待别人，那么你得到的也只会是白眼和谩骂。

在方特欢乐世界我们玩得很开心，儿子虽然没有玩上太多项目，但是跟着他姥姥跑来跑去，也很兴奋，回到家里，还一直重复自己看到的东西。

慢慢地，每到周末，我们一家人都会去郑州周边郊游，儿子有时候也会认识一些其他小朋友，如果有人谈得来，甚至会留下一些联系方式，方便回去后联系。

老公事业顺利，儿子健康快乐，这就是我要的幸福。

总结过去，展望未来

　　我是个很怀旧的人。如果把年轻人分为三类——普通青年、文艺青年和二B青年，那么我也许应该归属到文艺青年中来，对于过往的种种，开心的不开心的，我回忆起来总是觉得伤感。我把这几年来我和老公在一起的照片都洗出来，贴在卧室的墙上，看着这么美好的过去，还有那逝去的青春，有时候有点伤感，但是有时候也会独自一个人笑出声来。

　　没遇上老公的时候，我觉得自己好像再也找不到对象了似的，但是他就这样在我最不经意的时候出现了，后来我们甜蜜地热恋，之后遭到父母的反对，好姐妹挺身而出，劝说父母。那时候我们虽然不容易，但是从没放弃，我的爸妈也被我们打动了，最后妥协，让我和老公举行了婚礼。

　　我们终于结婚了，踏进了婚姻的殿堂，那时候的老公没有车没有房，我们在不大的酒店里举行了简单的婚礼。虽然我也参加过其他朋友的婚礼，有的比较奢华，有的比较简单，但是不管我和老公举行什么样的婚礼，对我们来说，那都只是一个形式，只要两个人真心相爱，我依然会觉得很幸福。

　　再后来儿子出生，我们辛苦地挣钱，我精打细算家里的每一笔收入和支出。但是除了省钱我也要生活，我不能变成守财奴，我以后还要教导儿子，所以在节俭的同时，我也尽可能地去学习其他的东西，我不会在吃喝穿戴上对儿子和老公苛刻，我会花最少的钱买最好的衣服，让他们丰衣足食，让家里日益殷实。

因为我们的房子太小，需要更好的生活条件，但是又买不起房，而且东西太多，每次搬家我都会不小心弄丢一些东西，但是只要有老公和儿子在，其他的都是身外之物，丢了也无所谓。

随着儿子的成长，我把心思越来越多地放在了儿子身上，儿子在我们身边的时候总是觉得很幸福。但是后来婆婆要带儿子回山东，我伤心至极，也告诉自己要化悲痛为力量，好好奋斗，挣了钱把儿子接回来，好好持家，尽最大努力，让我的老公和儿子成为幸福的男人。

功夫不负有心人，感谢上苍的眷顾，我一介小女子，不到30岁，在郑州市和老公辛苦奋斗，终于有了属于自己的房子，有了车子，我们可以在周末去附近的景点看看，可以带着父母去新开的酒楼尝尝鲜，生活很平淡，却也其乐融融。

未来，老公依然会辛勤工作，我也会好好工作，争取拥有更多的客户，拥有更多的薪水，我家的小金库也会越来越充实，我对理财知识也会掌握得更多。

我会像以前一样，平衡好家庭和事业的关系，好好教育儿子，好好孝顺父母，让我的爸妈和公婆放宽心，颐养天年，等到天气好时，给他们订好飞机票，让他们去他们想去的地方旅行，好好地体会一下旅行的美好。

对于儿子，我抱的希望还是很大的，但也不会给他太多的压力，我和老公在物质上会努力不让儿子受委屈，但是"穷养儿子富养女"，男孩子多吃些苦也是应当的。多看看养育子女的书籍，多学习别人的成功经验，另外，多和儿子沟通，尽量让他感觉父母像朋友一般，希望儿

子健康快乐地成长。

当然，我更需要和我一起要度过下半生的老公的保护，需要他的陪伴。一个家，就是一个社会的缩影，看起来很多事情都是小事，但是一旦处理不好，就会引来严重的后果。我和老公是家里的顶梁柱，我们共同支撑着这个家，依然是老规矩，老公主外，我主内。老公在外努力工作挣钱，而挣了钱之后我就管家，让家里和和美美，让一家人欢欢喜喜。在盛夏的夜晚，我们一家人吃完晚饭，坐在露台上吃着西瓜，我真是觉得我其实也算是一个成功的女士了。

其实打理好一个家，没那么难，幸福并不遥远，只要用心，一切都会变得美好。